新型职业农民培育工程通用教材

新型职业农民素质与礼仪

◎ 胡晓金　金亚男　兰红梅　主编

U0306826

中国农业科学技术出版社

图书在版编目（CIP）数据

新型职业农民素质与礼仪／胡晓金，金亚男，兰红梅主编．—北京：中国农业科学技术出版社，2017.7

（新型职业农民培育工程通用教材）

ISBN 978-7-5116-3145-9

Ⅰ.①新… Ⅱ.①胡…②金…③兰… Ⅲ.①农民-素质教育-中国-技术培训-教材②农民-礼仪-中国-技术培训-教材 Ⅳ.①D422.6②K892.26

中国版本图书馆 CIP 数据核字（2017）第 148739 号

责任编辑　　徐　毅
责任校对　　贾海霞

出 版 者　中国农业科学技术出版社
　　　　　北京市中关村南大街 12 号　邮编：100081
电　　话　（010）82106631（编辑室）　（010）82109702（发行部）
　　　　　（010）82109709（读者服务部）
传　　真　（010）82106631
网　　址　http://www.castp.cn
经 销 者　各地新华书店
印 刷 者　北京建宏印刷有限公司
开　　本　850 mm×1 168 mm　1/32
印　　张　7.875
字　　数　190 千字
版　　次　2017 年 7 月第 1 版　2020 年 7 月第 4 次印刷
定　　价　30.00 元

前　言

2012—2017年连续6年的中共中央国务院一号文件（简称中央一号文件，全书同）都提出了有关培育新型职业农民的意见。加强新型职业农民培训工作成为当前乃至今后一段时期的一项重要工作。

随着社会的快速发展以及全球经济一体化进程的迅猛发展，如何体现自己有礼、有节、有度的修养和风度，已越来越多地受到新型职业农民的关注。

素质与礼仪是内容与形式、本质与现象的关系。素质是人的内心世界，礼仪是人的外部行为。本书立足服务培训工作，以服务现代农业发展为导向，以提升新型职业农民综合素质和基本礼仪为目标，精心编排。全书共10个模块，分别为做有素质、懂礼仪的新型职业农民、思想道德素质、科学文化素质、身心健康素质、个人礼仪、家庭礼仪、社交礼仪、出行礼仪、公共场所礼仪、餐饮礼仪。结构清晰、内容全面、语言通俗，具有较强的实用性和可读性。

本书既可作为广大新型职业农民的培训教材，也可供其他人员学习素质与礼仪时参考。由于编者水平有限，书中难免存在不足之处，敬请读者批评指正。

编　者

2017年5月

目　　录

模块一　做有素质、懂礼仪的
新型职业农民

一、新型职业农民的内涵

（一）新型职业农民的概念

新型职业农民是伴随农村生产力发展和生产关系完善产生的新型生产经营主体，是构建新型农业经营体系的基本细胞，是发展现代农业的基本支撑，是推动城乡发展一体化的基本力量。

新型职业农民是相对传统农民、身份农民和兼职农民而言的，是一个阶段性、发展中的概念。

从广义上讲，职业是人们在社会中所从事的作为谋生的手段。从社会角度看职业是劳动者获得的社会角色，劳动者为社会承担一定的义务和责任；从人力资源角度看，职业是指不同性质、不同形式、不同操作的专门劳动岗位。所以，职业是指参与社会分工，用专业的技能生活的一项工作。

因而，新型职业农民首先是农民。从职业意义上看，是指长期居住农村，并以土地等农业生产资料长期从事农业生产的劳动者，且要符合以下4个条件：一是占有（或长期使用）一定数量的生产性耕地；二是大部分时间从事农业劳动；三是经济收入主要来源于农业生产和农业经营；四是长期居住在农村社区。按照中央一号文件要求应为"有文化、懂技术、会经营"的农民致富带头人。

（二）新型职业农民的特征

新型职业农民有新的特征。新型职业农民到底"新"在哪里，可以从以下 3 个方面理解。

1. 相对传统农民而言，新型职业农民具有新技术

传统农民追求的是维持生计，以自给自足为特征，以多年来的耕作经验种植；而新型职业农民具有新技术，能够适应现代农业生产要求，并利用一切可能的选择实现利益的最大化，因此，一般具有较高的收入，这也是吸引人们做新型职业农民的基础条件。

2. 相对兼业农民而言，新型职业农民具有高度的稳定性

新型职业农民不仅要把务农作为自己的终身职业，而且后继有人。稳定性是农业特点对从业者的基本要求，农业生产是依赖经验的活动，只有稳定才能不断积累和丰富农业生产经营经验；也只有稳定，农民才能形成长远预期，这是农业可持续发展的基础。稳定性可以避免对农业的短期行为，是新型职业农民区别于兼业农民和资本承包土地的重要方面。

3. 从责任范围来说，新型职业农民具有更大的责任范围

与传统农民、兼业农民、工商资本等经营的农业相比，新型职业农民具有更自觉的责任意识和更广泛责任要求。传统农民的责任范围局限在自己的家庭，农业的责任就是满足家庭成员的需要；新型职业农民的农业责任是满足市场的需求，对消费者负有责任。新型职业农民与兼业农民由于收入来源不同，决定了其对土地态度的不同。兼业农民，特别是以打工为主的兼业农民，因为，其主要收入来源是打工收入，农业沦为家庭"副业"，兼业农民往往对种地收入抱着可有可无的态度，种地的目的甚至仅仅是"够自己吃就行"，影响了农业的产品贡献，弱化了农业的社

会责任；新型职业农民的收入主要来源于农业收入，因此，重视农业的产出和市场价值，注重资源的合理配置，具有较高的生产积极性和较高的生产效率，负有更多的社会责任。新型职业农民与工商资本的区别在于对生态、土地的影响，工商资本和一些短期的承包户，看中的是土地的眼前产出，往往为了眼前利益追求高投入高产出，掠夺地力，造成地力丧失、环境污染而使农业发展不可持续。新型职业农民更重视土地的可持续利用，不仅对生产负责，也对生态负责，不仅对当前负责，也充分考虑对后代负责，给子孙后代留下可以永续利用的土地。所以，新型职业农民社会责任范围和现代农业观念远远超过其他农业群体。新型职业农民不仅有文化、懂技术、会经营，还具有对生态、环境、社会和后人承担责任的意识。

4. 从新型职业农民来源来说，具有多元化

新型职业农民的农民不再是一个身份概念，而是一个职业概念，凡是从事现代农业的生产经营者都可以成为新型职业农民。也就是说新型职业农民的来源是多元的，目前正在土地上耕种的农民应该是新型职业农民的主要来源。随着越来越多的年轻人离开土地融入城市，为土地流转创造了条件，土地向种田能手流转逐渐形成承包大户，进而形成家庭农场。需要指出的是，目前从事农业生产的 40～50 岁的农民，不仅具有丰富的农业知识，而且对农业有感情，着力把他们中的一些种田能手培养成新型职业农民对农业文化传承和农业的可持续发展具有承上启下的重要意义。外出打工的返乡创业者也是新型职业农民的重要来源，他们中一些优秀分子，外出打工长了见识，更新了观念，拥有了一定资本，对农业和乡村怀有感情，他们愿意返乡创业，回到农村经营农业，成为新型职业农民。此外，一些致力于农业的城市居民、退伍军人、大中专毕业生等，只要他们对农业有兴趣，致力于发展农业，政府就应该支持他们经营家庭农场，成为新型职业

农民。

（三）新型职业农民的类型

目前，我国新型职业农民可以划分为 3 类：主要包括生产经营型、专业技能型、社会服务型。

1. 生产经营型职业农民

生产经营型职业农民是指以农业为职业、占有一定的资源、具有一定的专业技能、有一定的资金投入能力、收入主要来自农业的农业劳动力。主要是指种养大户、家庭农场主、农民专业合作社骨干等。

（1）种植大户。从事种植业，达到较大规模（面积），在同等土地和物质投入条件下，单产明显超过当地平均水平，通常年收入高于当地农民平均水平 3 倍以上，有一定示范带动效应、帮助农民增收致富的业主或技术骨干人员（图 1-1）。

图 1-1 种植大户

（2）养殖大户。从事养殖业，达到较大规模（数量），在同等市场条件下养殖收益明显高于其他养殖户，年收入高于当地农民平均水平3倍以上，有一定示范带动效应、帮助农民增收致富的业主或技术骨干人员。

（3）家庭农场主。从事种植或养殖业，产业规模较大。

（4）农民专业合作社骨干。国家、省、市级百强农民专业合作社的成员，主要从事与农业相关的生产经营活动。

2. 专业技能型职业农民

专业技能型职业农民是指在专业合作社、家庭农场、专业大户、农业企业、等新型农业经营主体较为稳定地从事农业劳动作业，并以此为主要收入来源，具有一定专业技能的现代农业劳动力。主要是农业工人、农业雇员等。

（1）农业工人。常年在农业企业、农业园区、农场以及其他农业生产单位从事农业生产的工作人员，其主要收入来源为工资收入（图1-2）。

图1-2　农业工人

（2）农业雇员。常年在农业企业和农业园区从事农业生产管理或农业科技成果转化、生产技术指导，其主要收入来源为农业产业。

3. 社会服务型职业农民

社会服务型职业农民是指在经营性服务组织或个体直接从事农业产前、产中、产后服务，并以此为主要收入来源，具有相应服务能力的现代农业社会化服务人员，主要包括农村信息员、农产品经纪人、农机手、代耕手、机防手、动物防疫员等。

（1）农村信息员。主要为农业提供生产、农产品加工、销售等信息服务，并获取一定经济收入。

（2）农产品经纪人。从事提供产品供求信息、传播科技信息、贩销农产品、来料加工经济等各种中介服务活动，有益于农村经济社会发展，并获得一定经济收入的农村劳动者。

（3）农机手、代耕手、机防手。主要为农业生产提供机械化服务活动，并获得一定经济收入的服务群体（图1-3）。

图1-3　农机手

（4）动物防疫员。主要为畜禽养殖户提供疫情、疫病预防服务活动，获取一定经济收入。

（四）新型职业农民的认定

不同类型的新型职业农民，通过不同的认定形式才能成为新型职业农民。新型职业农民的认定重点和核心是生产经营型，以县级人民政府认定。专业技能型和社会服务型，主要通过农业职业技能鉴定认定。

1. 认定原则

新型职业农民的认定是一项政策性很强的工作，要坚持以下基本原则：一是政府主导原则。由县级以上（含县级）人民政府发布认定管理办法，明确认定管理的职能部门。二是农民自愿原则。充分尊重农民愿意，不得强制和限制符合条件的农民参加认定，主要通过政策和宣传引导，调动农民的积极性。三是动态管理原则。要建立新型职业农退出机制，对已不符合条件的，按规定及程序退出，并不再享受相关扶持政策。四是与扶持政策挂钩原则。现有或即将出台的扶持政策必须向经认定的新型职业农民倾斜，并增强政策的吸引力和针对性。由县级政府发布认定管理办法并作为认定主体，县级农业部门负责实施。

农业部启动实施了新型职业农民培育试点工作，要求试点县把专业大户、家庭农场主、农民合作社带头人以及回乡务农创业的农民工、退役军人和农村初高中毕业生作为重点培养认定对象，选择主导产业分批培养认定。

2. 认定条件

新型职业农民认定管理办法主要内容应明确认定条件、认定标准、认定程序、认定主体、承办机构、相关责任、建立动态管理机制。生产经营型职业农民是认定重点，要依据"五个基本特征"，在确定认定条件和认定标准时充分考虑不同地域、不同产业、不同生产力发展水平等因素。重点考虑 3 个因素：一是以农业为职业，主要从职业道德、主要劳动时间和主要收入来源等方面体现；二是教育培训情况，把接受过农业系统培训农业职业技能鉴定或中等及以上农科教育作为基本认定条件；三是生产经营规模，主要依据以家庭成员为主要劳动力和不低于外出务工收入水平确定生产经营规模，并与当地扶持新型生产经营主体确定的生产经营规模相衔接。

3. 认定标准

生产经营型职业农民的认定标准包括文化素质和技能水平、经营规模、经营水平及收入等方面。生产经营型职业农民实行初级、中级、高级"三级贯通"的资格证书等级。初级：经教育培训（培养）达到一定的标准，经认定后，颁发由农业部统一监制、地方政府盖章的证书。中、高级：已获得初级持证农民或其他经过培育达到更高标准的，经认定后颁发相应级别的资格证书。

专业技能型和社会服务型职业农民的认定标准，按农业职业技能鉴定不同类别和专业标准认定。颁发由人力资源和劳动保障部及鉴定部门盖章的证书。

4. 认定程序

由本人提出申请，报县区农业局审核、县区新型职业农民培育工作领导小组认定。经认定为职业农民的从业者。由当地县级政府颁发《新型职业农民证书》，全程管理、建档立册、计算机管理（图 1-4）。

我国地域广阔、地大物博，气候条件、生产环境、生产能力、经济水平、产业现状等差异很大，各地新型职业农民的认定也会有所差异，主要依据当地实际情况制定。

图1-4　学员领取《新型职业农民证书》

（五）培育新型职业农民的重要意义

2017年1月29日，农业部出台"十三五"全国新型职业农民培育发展规划提出发展目标：到2020年全国新型职业农民总量超过2 000万人。大力培育新型职业农民，是深化农村改革、增强农村发展活力的重大举措，也是发展现代农业、保障重要农产品有效供给的关键环节。

1. 培育新型职业农民，是确保国家粮食安全和重要农产品有效供给的迫切需要

解决13亿人的吃饭问题，始终是治国安邦的头等大事。据国家统计局公布的全国粮食生产数据显示，2015年全国粮食总产量62 143.5万t（6 214.35亿kg），2016年全国粮食总产量61 623.9万t（6 162.4亿kg）。随着人口总量增加、城镇人口比重上升、居民消费水平提高、农产品工业用途拓展，我国农产品

需求呈刚性增长。习近平总书记强调,中国人的饭碗要牢牢端在自己手里,就要提高我国的农业综合生产能力,让十几亿中国人吃饱吃好、吃得安全放心,最根本的还得依靠农民,特别是要依靠高素质的新型职业农民。只有加快培养一代新型职业农民,调动其生产积极性,农民队伍的整体素质才能得到提升,农业问题才能得到很好解决,粮食安全才能得到有效保障。

2. 培育新型职业农民,是推进现代农业转型升级迫切需要

当前,我国正处于改造传统农业、发展现代农业的关键时期。农业生产经营方式正从单一农户、种养为主、手工劳动为主,向主体多元、领域拓宽、广泛采用农业机械和现代科技转变,现代农业已发展成为一、二、三产业高度融合的产业体系。支撑现代农业发展的人才青黄不接,农民科技文化水平不高,许多农民不会运用先进的农业技术和生产工具,接受新技术新知识的能力不强。只有培养一大批具有较强市场意识,懂经营、会管理、有技术的新型职业农民,现代农业才能发展。

3. 培育新型职业农民,是构建新型农业经营体系的迫切需要

改革开放以来,我国农村劳动力大农业劳动力数量不断减少、素质结构性下降的问题日益突出。有调查显示,许多地方留乡务农者以妇女和中老年人为主,小学及以下文化程度比重超过50%;占农民工总量六成以上的新生代农民工不愿意回乡务农。今后"谁来种地"成为一个重大而紧迫的课题。确保农业发展"后继有人",关键是要构建新型农业经营体系,发展专业大户、家庭农场、农民合作社、产业化龙头企业和农业社会化服务组织等新型农业经营主体。把新型职业农民培养作为关系长远、关系根本的大事来抓,通过技术培训、政策扶持等措施,留住一批拥有较高素质的青壮年农民从事农业,不断增强农业农村发展活力。

二、素质的含义、构成及其重要性

（一）素质的含义

素质是一个人在社会生活中思想与行为的具体表现。关于素质的定义，有不同的说法。

定义 1：《辞海》对素质一词的定义为，①人的生理上的原来的特点。②事物本来的性质。③完成某种活动所必需的基本条件。

定义 2："素质"沟通的效率与层次可概括为素质。层次高低取决于人的单技术知识深度或多知识修养广度（专家和博学、反面是八卦和肤浅）、沟通方式的丰富性和准确性（如以前不识字的人用画画来代替完成书信），人生观价值取向（创造为乐或享受为乐），情商优劣等条件。

定义 3：所谓素质，本来含义是指有机体与生俱来的生理解剖特点，即生理学上所说的"遗传素质"，它是人的能力发展的自然前提和基础。按此，定义素质为：当你将所学的一切知识与书本忘掉之后所剩下来的那种东西，想来就不无道理。

定义 4："素质"是指个人的才智、能力和内在涵养，即才干和道德力量。历史学家托马斯·卡莱尔就特别强调作为英雄和伟人的素质方面。在他看来，"忠诚"和"识度"是识别英雄和伟人最为关键的标准。

定义 5："素质"是指人的体质、品质和素养。素质教育是一种旨在促进人的素质发展，提高人的素质发展质量和水平的教育活动。

定义 6："素质"又称"能力""资质""才干"等，是驱动员工产生优秀工作绩效的各种个性特征的集合，它反映的是可以通过不同方式表现出来的员工的知识、技能、个性与驱动力等。素质是判断一个人能否胜任某项工作的起点，是决定并区别绩效差异的个人特征。

定义7："素质"是指一个人在政治、思想、作风、道德品质和知识、技能等方面，经过长期锻炼、学习所达到的一定水平。它是人的一种较为稳定的属性，能对人的各种行为起到长期的、持续的影响甚至决定性作用。

尽管不同的学者对素质的含义及其内容有不同的解释，但基本精神是一致的。我们认为，素质是指在人的先天生理的基础之上，经过后天的教育和社会环境的影响，由知识内化而形成的相对稳定的心理品质及其素养、修养和能力的总称。

（二）素质的构成

新型职业农民素质是指新型农民所具有的包括政治、经济、道德、法律、文化、科学、技术、经营管理、身体、心理等诸多因素在内的基本品质、基本素养。

本书所谈的新型职业农民素质主要分为思想道德素质、科学文化素质和身心健康素质三大方面。

1. 思想道德素质

思想道德素质具有鲜明的阶级性，在一定程度上规定着其他素质的作用方向，影响着文化、心理素质的形成与演化，同时又受它们的影响和制约。

2. 科学文化素质

科学文化素质是指农民所具备的科技知识水平，反映农民掌握科技知识的数量、质量及运用于农业生产实践的熟练程度。农民懂得专业科技知识的广度和深度、科技意识的强弱、对科技知识的需求欲望大小等都是农民科技素质高低的重要体现。文化素质通常指其所具备的文化知识水平，反映农民接受教育的程度和掌握文化知识量的多少、质的高低。

3. 身心健康素质

身心健康素质包括身体素质和心理素质。身体素质主要是指健康程度、体质强弱、寿命长短、营养状况、抗病力等。身体是智力的载体，身体素质的强弱直接影响着其他素质的形成与发挥。心理素质作为一个专门术语，是指本来的、固有的思想、感情等内心活动。良好的心理素质，如创新、积极进取、不盲从等，有利于推进农民接受新技术、使用新技术，而小农经济的守旧、自满自足、惧险、从众的心理，将阻碍农业科技的应用与传播。

（三）提升农民素质的重要性

农民素质是发展外向型农业的需要，是农业科学技术快速发展的需要。为了实现农业现代化的需要，提升农民素质成为当前最紧迫的任务。

1. 加快现代农业发展

随着社会经济的发展，农民的整体素质有了一定程度的提高。但还存在一些不足，如文化水平不高、科技生产水平偏低、职业技能水平较低、思想观念趋于陈旧等。

目前，我国正处于传统农业向现代农业转变的关键时期，大量先进农业科学技术、高效率农业设施装备、现代化经营管理理念越来越多地被引入到农业生产的各个领域，这就迫切需要高素质的新型职业农民。

2. 增加农民收入

农民素质不高，不仅严重制约了现代农业的发展，而且制约了农民收入的增加，制约了农村劳动者向二、三产业的转移，制约了农村产业结构调整的步伐。使他们不能很好地接受和掌握新技术，制约了农业劳动生产率的大幅度提高。在科学技术迅猛发展、信息化潮流汹涌澎湃、知识经济已初露端倪的今天，科学技术已成为推动经济增长的主要推动力。但是，科技的研究开发和掌握应用均离不开具有高素质的劳动者。给他们在接受新观念、获取信息、提高技能、参与市场竞争等方面带来极大障碍，使之难以冲破传统农业和小农意识的束缚，阻碍了农民收入的增加。

三、礼仪的含义、构成及其重要性

（一）礼仪的含义

礼仪是随着历史的发展而约定俗成的交往规范，具有丰富的内涵。

从个人修养角度看，礼仪是一个人的内在修养和综合素质的外在表现。从道德角度看，礼仪是人们为人处世的行为规范和准则。从交往角度看，礼仪是人际交往中的一种实用艺术和交际方法。从习俗角度看，礼仪是人们相互交往中必须遵守的律己敬人的习惯、做法、风俗和惯例。从传播角度看，礼仪是一种人际交往中进行相互沟通的技巧。从审美角度看，礼仪是一种语言美、形态美、仪表美和形式美，是人的心灵美的外化。

结合人们对于礼仪的认识和描述，可以给礼仪下这样一个定义：从广义上看，礼仪是一个社会的典章制度；从狭义上讲，礼仪是人们在社会交往中由于受历史传统、风俗习惯、宗教信仰、时代潮流等因素的影响而形成，既为人们所认同，又为人们所遵守，以建立和谐关系为目的的各种符合礼的精神、要求的行为准则或规范的总和。

综上所述，礼仪是人们在各种社会交往中所形成的美化自身、尊重他人的行为规范和准则，即律己敬人。

（二）礼仪的构成

礼仪具体表现为礼貌、礼节、仪表和仪式等。

1. 礼貌

礼貌是指人际交往中表示敬意（谦虚、恭敬）、友善、得体的风度与风范，侧重内在品质和素养。

2. 礼节

礼节是指人际交往中表示尊重、祝颂、迎来、送往、问候、致意、慰问、哀悼等的惯用形式。社交上，礼节是礼貌在语言、行为、仪态等方面的具体表现形式。

3. 仪表

仪表专指人的外表，包括容貌、姿态、风度、服饰和个人卫生等，是礼仪的重要组成部分。

4. 仪式

仪式是指礼的秩序，即为表示敬意或隆重，在一定场合举行的、具有专门程序的规范化的活动，如签字仪式、开幕式等。

总之，礼貌、礼节、仪表、仪式等都是礼仪的具体表现形式，它们是相互联系的。礼貌是礼仪的基础，礼节是礼仪的基本组成部分。礼仪在层次上高于礼貌、礼节，内涵更深刻、更广，由一系列具体的、表现礼貌的礼节（规范、程式等）所构成，是一个表示礼貌的系统、完整的过程。

（三）提升农民礼仪的重要性

在现代社会，无论是政府组织、企业或个人，都越来越重视礼仪的学习和运用，主要是因为礼仪具有多种功能，在社会生活的各个方面都发挥着重要作用。

1. 协调人际关系和促进人际交往

随着物质生活的日益丰富，社会对建立良好的人际关系的需求也越来越高了。心理学告诉我们，人际交往之初，由于交往的双方相互之间还不是十分了解，因此，不可避免地会彼此产生某种戒备心理或距离感。一方面，如果交往双方在交往之初都能做到施之以礼、还之以仪，则可以消除当事人之间的心理隔阂，拉近双方的距离。另一方面，每个人都有获得他人尊重的心理需求，而相互尊重又是良好的人际交往的根本条件。中国古代的跪拜、作揖礼，现代的握手、微笑礼以及西方人见面时的拥抱、亲吻等，无疑都是向对方表示友好的方式。初次见面的好感，往往成为以后双方能否继续交往、建立友谊的关键。礼仪作为一种个人与个人、组织与组织之间交往的润滑剂，已越来越呈现出其不可或缺的地位。

2. 塑造高雅的公众形象

形象就是一个人的外观、形体，是在社会交往中众人心目中形成的综合性、系统性的印象，它是影响交往能否进行和能否成功的重要因素。

由于人的自尊的需要以及人际关系和谐、融洽的需要，人们都希望自己在公众面前树立良好的形象，以受到别人的尊重和信任。那么，一个人以何种形象呈现给公众，归根到底是由他在公众场合的具体作为决定的，是由于他的行为是否讲文明，懂礼貌决定的。因此，社会礼仪是塑造公众形象的非常重要的手段。在人际交往中，言谈讲究礼仪，给人以文明形象；举止讲究礼仪，给人以端庄形象；穿着讲究礼仪，给人以高雅形象；行为讲究礼仪，给人以高尚形象；处世讲究礼仪，给人以诚信形象，等等。总之，一个人讲究礼仪，就会使自己的形象大方美好，就会变得充满魅力。

3. 升华社会文明水平

社会礼仪是人的社会化的重要内容之一，是社会进步和发展的必然结果。礼仪内容的丰富和文明，是人类先进文化的延续，也是社会进步和文明的重要标志。

社会礼仪属人类社会的精神文明，是精神文明的重要内容。它的发展受物质文明的制约，是物质文明和社会制度的反映。但是社会礼仪在形成和发展过程中，一直反作用于物质文明，它以社会生活中人们行为规范的形式，以优美的举止，端庄的气质，高雅的形象，深刻的文化内涵，展示着个人和时代的精神文明，反映着人类物质生活条件的进步状态。同时正是文明的社会礼仪促进了人们的道德风貌，形成良好的社会风尚，促进社会生产、科技及经济等迅速发展，又推动了物质文明的进步和发展。

四、做有素质、懂礼仪的新型职业农民

素质与礼仪是内容与形式、本质与现象的关系。素质是人的内心世界，礼仪是人的外部行为。一个人的素质高低是难以直接看出来的，而一个人的素质是可以通过他的行为表现出来。一般而言，素质较高的人，也是很讲究礼仪的人，而素质较低的人，其行为也大多是非礼的。素质教育不能仅凭说教，而要通过学习礼仪知识，来实践素质。那么，如何学习礼仪知识呢？可以从以下方面着手。

1. 主动接受礼仪教育

古人云"吾日三省吾身""修身以不护短为第一长进"，这种严于律己、内省自身的精神是古人修身的美谈。当代农民应自觉按照时代、社会、民族的道德要求严格规范自己的言行，防微杜渐，"勿以恶小而为之，勿以善小而不为"。通过接受礼仪教育，可以分清是非美丑，促使自己产生强烈的自我修养的愿望，以达到讲究礼仪的目的，在成长中使自己的思想境界不断提高和升华。

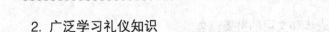

2. 广泛学习礼仪知识

我国素有礼仪传统，从古代到近代、现代的典籍中，有浩繁的礼仪、礼节知识，各国礼仪风俗也各有特点，所以，有必要收集、整理、学习和领会，以便在交往实践中运用，不断提升自己的礼仪修养水平。如关于诚信，古人曾说："以诚感人者，人亦诚而应""人无忠信，不可立于世"。今天我们建设和谐社会，强调诚实守信，又赋予了它更多的时代内容。只有古今中外融会贯通，才能在人际交往中彰显礼仪的独有魅力。

3. 增强学习的自觉性和自信心

对于每一个社会人来说，可能都或多或少地懂得一些礼仪知识，但全面系统地学习礼仪知识的人则为数不多。有些人特别是一些年轻人，对礼仪抱着"无所谓"的态度，认为懂不懂礼，无关紧要，懂得礼仪反而会受到约束，而不懂礼仪却能活得自由自在、无所拘束。显然，这些想法都是错误的。实际上，无论对于国家和民族，还是对于家庭和个人来说，礼仪水准的高低是涉及教养的大问题，也是关系到国家声誉、民族尊严、事业成败的大问题。因此，要充分认识学习礼仪的重要性，有信心自觉把这门课程学好。

模块二　思想道德素质

一、恪守农业职业道德

市场经济是以商品交换为核心的经济形态。人们既是生产者又是消费者，任何人都无法生产出自家所需要的所有产品，都要通过交易行为取得生产和生活必需品。在农产品中，食品是人们不可缺少的生活必需品，关系到亿万人的健康和幸福。因此，对农民朋友来说，遵守职业道德很重要。

（一）农业生产中的道德现象

当前大多数人对于农产品质量安全问题的研究大都集中制度、法律、技术等领域，但是从职业道德这个角度去对农产品质量安全问题的研究则相对较少。对于职业道德而言，其在整个社会道德体系中占有重要的地位，不仅是社会道德原则和道德要求在职业领域的具体化，还在职业活动有序进行的过程中发挥着重要作用。而农民职业道德是农民履行社会分工所给予社会职能的活动中以及在履行本职工作的活动中，所应该遵循的行为规范和准则。一旦农民职业道德出现失调，那么将产生一系列不利的连锁效应。

1. 农产品生产中化学化工品滥用使消费者的身体健康受损

纵观近年来发生的农产品质量安全问题，可以发现我国的瓜果蔬菜中农药残留、牲畜养殖抗生素滥用、粮食类种植过程中过量使用化肥等现象已是十分突出。而导致这些农产品质量安全问题的产生，正是由于有些人道德败坏引起的。农产品生产者不懂得农民职业道德规范会产生严重的农产品质量安全问题。

由于化学化工品的滥用，也造成了诸多骇人听闻的事件，如苏丹红鸭蛋、孔雀绿鱼虾、含有 4-氯苯氧乙酸钠的无根豆芽、甲醛蔬菜保鲜等。这些农产品质量安全事件的发生，看似是在农产品生产活动中滥用化学化工品引起的，其实不然，真正的原因是农民职业道德严重失调，势必会对消费者的最基本的人身权益造成严重伤害（图 2-1）。

图 2-1　农产品质量安全关系人身健康

2. 违背规律、急功近利进行生产导致农产品质量的低劣

按照规律办事，尊重自然规律是农民职业道德对于在农产品

生产活动中的农民的客观要求。

伴随着农民职业道德失调的发生，违背规律、急功近利地进行农产品的生产就成为了影响农产品质量安全的一个重要因素，并且这种现象也呈现出了越发严重的趋势。原本对于施用了农药的瓜果蔬菜，应该要使其放置到一定的时间段才能够上市销售，但是在面对激烈的市场经济竞争的时代里，在失去农民职业道德调节的背景下，农民会毫不犹豫地选择眼前既得的利益，不会等着打过农药的瓜果蔬菜过完休药期便采摘上市销售。而这样不按照规律办事，急功近利的做法只能给农产品的质量安全埋下深深的隐患。当前，我国已经是世界上最大的化肥使用量国，"尽管耕地面积还不到全世界总量的10%"，但是，我国的"化肥使用量却接近世界的1/3"。并且"我国80%的农户习惯凭传统经验施肥，不考虑各种肥料特性，盲目采用'以水冲肥''一炮轰'等简单的施肥方法。"由于在小面积内过量使用单一化肥，致使在养分不能够很好地为农作物吸收的同时，还造成了"部分地块的有害重金属含量和有害病菌量超标，导致土壤性状恶化，作物体内部分物质转化合成受阻"，使生产出来的农产品的质量安全得不到任何的保证。因此，一旦农民职业道德失调后，农民就不在按职业道德的规范进行农产品的生产活动，而是出现违背规律、急于求成地进行生产，这样生产出来的农产品的质量显然是非常低劣的，而消费者食用后必然会对身体健康造成损害。

3. 使农产品质量安全问题越发严重化、普遍化

我国当前的"农产品质量安全问题已成为危及民生、阻碍农业发展、影响农民增收的重大问题"。通过对农产品中农药残留的调查研究可以发现，"不少地方使用国家明令规定的禁用高剧毒农药问题突出，即使在国内农产品农药残留量低的地区，超标率也有5%，严重时更多"。而在对"对浙江省的142份各类蔬菜进行抽检，农药残留超标率很严重"。这与"农民打过农药的

蔬菜未过休药期即采摘上市销售"的行为有很大关联。其实,不单是农产品中的高农药残留现象严重,其他农产品的质量安全问题也依旧突出,如在农产品生长期大量使用激素、在猪饲料中违规添加"瘦肉精"等。如果农民职业道德不能够很好地对农民在农产品生产中的行为进行约束,不能够发挥其重要的效能,那么,农民就有可能为了既得利益,在思想上更加完全摆脱农民职业道德的束缚,在行为上更加的"大胆",这只能是让农产品质量安全问题更为严重化,久而久之,农产品质量安全问题的严重性就会显得越发普遍,甚至很可能会达到频发且难以解决的地步。

(二) 农民职业道德失调的原因

1. 部分农民失信会扰乱社会秩序

诚信,对于推动整个社会的发展起着无可替代的作用,是维系人与人关系,促进人与人共同发展的重要基础,也是社会主义职业道德的基本要求。尤其是对于农产品生产主体——农民来说,提供质量安全的有保证的农产品是农民对整个社会最为基本的信用,也是职业道德的重要要求。但是由农民职业道德失调引发的农民失信违约的现象却相当普遍,据调查表明,农户在"农产品销售契约违约率高达80%"。而这些违约现象的发生,一个最为重要的原因就是,农户生产的农产品质量根本达不到合同的标准要求。在市场经济高度发达的今天,很多农民会因为眼前利益而敢于去失信,如果"守信就意味着失利,失信就意味着获利"的话,那么就会造成"劣币驱逐良币"的现象,严重地损害了社会的信誉。并且失信违约普遍会在一定程度上扰乱了社会的合理秩序,加剧了全社会对农产品质量安全的担忧,最终还会引起对于行业整体的质疑,使其深陷严重的信任危机之中。

2. 农民普遍不重视科学文化学习

认真地学习科学文化知识也是农民职业道德对于农民的规范的重要要求。然而，在商务部的一份调查报告中显示，"大部分农民不知国家明令禁止使用的农药和兽药目录"，有"近50%的农民在使用农药和兽药时"，没有认真学习，了解相关药用的详细方法，完全就是凭着感觉使用，甚至"一药多用现象相当普遍"。大量的研究发现，产生农产品质量安全问题的一个重要原因就是农民对于科学文化知识的无知。即轻视科学文化的学习，对新的科学技术的错误性使用造成的农产品质量安全问题。

3. 一些农民利己思想盛行

"奉献社会，服务群众"一贯都是职业道德最基本的要求，但是在农民职业道德失调后，农民在农产品生产活动过程中表现出的"昧着良心"为己谋利的现象却越发地盛行，通过对农户使用农药情况的调查分析可发现，大多数的农户在选择农药的时候往往会使用高毒农药，认为"与普通农药相比，高毒农药价格更便宜且药效显著"。然而，有些农户自己食用的根本不是这些打了农药的出售的瓜果蔬菜，他们只吃种在自家另一片地里的没有施用农药的瓜果蔬菜。所以，职业道德失调引发的诸如实利主义、利己主义等专门利己不利他人的思想，已经在一些人脑海中盛行，并且这种利己不利人的行为"都是不同程度地以损害人民的社会利益来满足个人利益和目的"。

4. 农业生产中违法生产严重

农民职业道德对于农民规范的一个较为重要的内容就是：遵纪守法，但是当农民职业道德失调以后，农民可能会因为既得利益的驱动，不再顾及职业道德的要求规范，恶意采取如违规使用添加物质、标识欺诈、制假售假等手段造成如违禁农药残留等食品安全问题。在对陕西省渭南农药市场的一项调查报告中显示：当地的农户经常大批量购买和使用国家明令禁止使用的高毒农药。而发生在山东潍坊的"毒姜"事件，又一次引发了全民对于蔬菜安全安全问题的担忧，且这次姜农使用的正是国家明令禁止的剧毒农药——"神农丹"，只需 50mg 足以令人死亡。农民不顾法律的明令禁止，违法进行农产品生产活动，带来不仅是严重的农产品质量安全问题，也是对消费者的人身权益无情的践踏（图 2-2）。

图 2-2 神农丹生姜

自化肥和农药在中国普遍应用后，彻底颠覆了农民的耕种方式，日出而作、日落而息似乎不再是一种必然，除草剂在解放人的双手上起到了非常大的作用，虽然它同时会作用于儿童的神经系统，引起智力障碍，但它带来的好处却让农民们无法抗拒。它意味着每天至少可以省下 1/3 的时间干与农业无关的事情，因为，消除杂草是田间最辛苦的劳动。

当人们将这些所谓"神奇发明"用在农产品上，并使产量提升到前所未有的高度时，人们却完全忘记当初为什么要高产了。农民的收入一点都不比以前更高，人们的健康却受到极大的威胁，还产生了土地退化、水资源枯竭、生态链断裂、重度污染等许许多多环境问题。

生态农业不是单纯的"有机种植"，它更注重与自然的协调适应和真正的可持续性。也许有一天，我们可以不再为吃不到安全食物而忧心忡忡，不必为发臭的土地和河水而烦恼，无须为怎样选择农药而绞尽脑汁，因为自然之物，自有自然的解决之道。

（三）恪守职业道德，做合格新型职业农民

1. 提高自身的科学文化素质

在调查中发现，"我国农民初中、小学文化程度占 70% 以上，高中文化不到 18%。"农民的文化素质普遍不高，这在一定程度上妨碍了自身对于职业道德理想信念的认识与接受，也使得他们容易受到外界利益因素的诱惑而完全不顾职业道德的约束。而在对农民进行科学文化教育的时候，不仅要"以市场为导向，面向市场开展教与学还要把市场中的先进理念、先进技术引进来。尽可能发挥市场这只'看不见的手'的作用"。只有提高农民的科学文化素质，才能为农民职业道德教育打下坚实基础，也才能为农产品质量安全问题解决提供重要保证。

2. 加强农民的职业道德教育

农民的职业道德教育是提高农民职业道德水平的重要途径，也是保证农民职业道德的调节正常发挥其功效的重要手段。当然，加强农民的职业道德教育，就是加深农民对职业道德的认识，并提高农民的职业道德意识，使其深深扎根在农民的心中，为防止农民职业道德的失调提供保障。与此同时，"应该长期地耐心地教育他们，帮助他们摆脱背上的包袱，同自己的缺点错误作斗争，使他们能够大踏步地前进"。这就能够在农民心中树立"一杆秤"，使得农民在面对既得利益与大是大非的时候，能够

作出正确的选择，并在一定程度上促进了农产品质量安全问题的解决。

3. 树立道德榜样

道德榜样的树立就相当于在农民的跟前摆放了"一面镜子"，不仅"照出"了农民自身的不足，农民还可以对着"镜子"梳理自己。而道德榜样无穷的力量无疑是防止农民职业道德的失调的重要策略，也为农产品的安全生产起到了"保驾护航"的功效。然而，道德榜样的选择应该既是生产中的能手，又是职业道德素养较高的农民。因为，在市场经济高度发达的今天，农民对于经济利益的获得会更加看重。如果忽略在农产品生产活动中的才能选择的仅是职业道德方面突出的人才，那么这样选出来的道德榜样就不可能起到标杆的重要作用，恰恰相反的是，农民还可能会对这样的道德榜样加以藐视。

4. 建立有效的奖惩制度

以农民职业道德规范为主要执行的依据建立起来的奖惩制度一定程度上保证了农民职业道德的功能的正常运行，也有效地防止农民职业道德失调的发生。并把农民职业道德这只对农民进行约束和规范的"看不见的手"转化成为了以白纸黑字的形式出现对农民进行约束和规范的"看得见的手"。既有了制度这只强有力的手对农民在农产品生产活动中的行为进行规范，又有了农民职业道德这只隐性力量的调控，双管齐下，共同作用，必定会把农民的职业道德水平提高到一个新的境界，并进一步的保障了农产品质量安全。

农民职业道德失调带来的一系列影响，尤其是对于农产品质量安全的影响已经值得我们深思，只有提高新型职业农民的职业道德，才能为解决农产品质量安全问题，乃至为食品安全问题的解决提供强有力的支撑。

5. 增强社会意识，倡导道德农业

道德农业，就是农业的道德化，就是指用道德原则来指导和把握农业生产过程中的一切活动。具体来说就是，一方面，农业生产中人与自然的关系应道德化，应体现自然的道德要求；另一方面，人与人的关系也应道德化，应以道德作为农业生产中调节人与人关系的主要手段。道德农业的提出符合农业发展的新趋势，体现了农业发展的新境界。积极发挥人的主观能动性，促使农业向道德农业发展，符合人类社会的根本利益。

（1）道德农业体现了农业发展的一种新境界。从主客体两者关系的角度看，农业发展的第一阶段是依附阶段，即主体处于被动依附地位。人对自然的把握能力十分有限，人只能被动地适应自然，做自然的"附庸"，所以，这个阶段的农业。体现的是一种"依附"境界。农业发展的第二阶段是征服阶段，即主体依据工业文明提供的强大支撑力，对自然实施了大规模的改造和利用，其目的就是要最大限度地为我所用。在这个阶段，农业中的主客体关系实质是主体欲高高凌驾于客体之上，所以，这个阶段农业所体现出的境界可以看成是一种征服境界。但是，严酷的现实在促使人们进行不断地反省，农业中的主客体关系应进入到一种新境界：主客体关系必须和谐统一。而这种和谐境界对人类的根本要求是自觉，但自觉的核心和实质是道德自觉，所以，发展道德农业，也就成为农业走入新境界的一种自然选择。

（2）发展道德农业在中国更具深远意义。在我国，农业虽有很大发展，但农业的生态环境却日益恶化，所以，改变传统农业生产方式中对生态的"不道德"状况，发展道德农业，已迫在眉睫。我们知道，农业生态系统要靠自然生态系统提供稳定的气候条件、优质的土地、充足的水分、丰富的养分以及抑制病虫害、防止旱涝灾害、维持农业正常运行和提供更新换代的种质资源。但问题是，在我国，传统的垦耕式农业，虽源于自然生态系统，依靠自然生态系统，也高于自然生态系统，但它的生产方式却是不利于生态的，即消除森林以开辟耕地，从根本上破坏了农业生产所依赖的自然保障；收获作物将营养物质移出生产系统之外又切断了农业生态系统良性循环的物流链环；施用农药又杀死了害虫的天敌，加剧了农业的病虫危害；大范围的植被破坏又引发水土流失，土壤荒漠化和盐碱化，使气候恶化，也削弱了农业的生产力，动摇了农业的基础。所以，树立新的农业发展理念，建立农业的生态道德观念，是中国农业发展的现实选择。

二、遵守社会公德

（一）社会公德的含义

社会公德是社会生活中最简单、最起码、最普通的行为准则，是维持社会公共生活正常、有序、健康进行的最基本条件。因此，社会公德是全体公民在社会交往和公共生活中应该遵循的行为准则，也是作为公民应有的品德操守。从大的范畴来讲，它主要包括两个方面的内容：一方面是在事关重大的社会关系、社会活动中，应当遵守的由国家提倡的道德规范；另一方面是在人们日常的公共活动中，应当遵守、维护的公共利益、公共秩序、公共安全、公共卫生等守则。《公民道德建设实施纲要》用"文明礼貌、助人为乐、爱护公物、保护环境、遵纪守法"20个字，对社会公德的主要内容和要求做了明确规定（图2-3）。

1. 助人为乐

助人为乐是当一个人身处困境时，大家乐于相助，给予热情和真诚的帮助与关怀。人类社会应当是一个人与人之间相互扶持的社会，因为，任何一个社会成员都不能孤立地生存。一个人要做到"万事不求人""处处皆英雄"是不可能的。生活在社会

文明礼貌

助人为乐

爱护公物

保护环境

遵纪守法

图 2-3 社会公德内容

中，"如果你向别人伸出一千次手，就会有一千只手来帮助你"
"助人"本身也是"助己"。

2. 遵纪守法

遵纪守法就是要增强法制意识，维护宪法和法律权威，学
法、知法、用法，执行法规、法令和各项行政规章；就是要遵守
公民守则、乡规民约和有关制度；就是要见义勇为，敢于同违法
犯罪行为做斗争。

3. 文明礼貌

文明礼貌是人与人之间团结友爱和情感沟通的桥梁，表现为
人们之间交往的一种和悦的语气、亲切的称呼、诚挚的态度，更
表现为谈吐文明、举止端庄等。这些虽为日常小事，但对建设和

谐友爱的新农村起着重要作用。正所谓"良言一句三冬暖，恶语伤人六月寒"。当然，文明礼貌也是一个历史的范畴，随着时代和条件的变化而不断更新。

4. 保护环境

农村区域占我国国土面积的绝大部分，农村环境的维护和保持是我国环境保护的重要内容。总体上而言，农村环境保护可以分成生活环境和农业生产环境两个部分。生活环境的保护涉及人居和家居环境的改善以及生活区环境卫生的维护，主要靠人们良好的生活习惯和生活垃圾的妥善处理来维持。农业生产环境主要涉及农业耕地质量和农用水源质量的保护，而耕地和水源质量的好坏和农业生产作业过程有着密切的联系，特别是农药、化肥、除草剂等的过量施用需要引起农户特别的关注。在经济发展过程中不仅要"金山银山"，还要"绿水青山"，树立"保护环境，人人有责"的观念，努力养成有利于环境保护的生活习惯、行为方式，提高科学的农事作业的技能。

5. 爱护公物

公共财物包括一切公共场所的设施，它们是提高人民生活水平，使大家享有各种服务和便利的物质保证。爱护公物主要表现为：一是要做到公私分明，不占用公家财物，不化为私有；二要爱护公共设施，使其能够为更多的人服务；三要敢于同侵占、损害、破坏公共财物的行为做斗争。

在我国，爱祖国、爱人民、爱劳动、爱科学、爱社会主义，是基本的社会公德。我国宪法还明确规定，遵守社会公德是一切公民的义务，违反社会公德，轻的要进行批评教育，严重的如破坏公共秩序、扰乱社会治安的要绳之以法。

（二）农村社会公德教育的途径与措施

公德教育是一项长期重要的任务，是家庭、学校和社会的共同职责。家庭教育是公德教育的启蒙教育，对人们的公德意识的形成具有启蒙和奠基作用；学校教育是公德教育的正规教育，对人们公德意识的形成具有关键和指导作用；社会教育是公德教育的持续教育，对人们公德意识的形成具有巩固、强化、监督、校正作用。可见，家庭、学校、社会是对公民进行社会公德教育的主要途径。因此，家庭、学校、社会必须进一步提高认识，明确自己在公德教育中不可推卸的责任，认真履行各自的社会职责，齐抓共管、相互配合，才能把公德教育落在实处，将社会公德建设推进到新境界。

如果说家庭、学校、社会是进行农民社会道德教育的相互联系、逐层提升的3个平台和途径，那么，在一定意义上说农村是对农民进行综合性教育的剧院和阵地，它集中了家庭、学校（多为小学）和社会教育的多种功能和途径，要发挥农村的这种综合教育功能，采取多方面措施加强农民的社会公德教育。

三、崇尚家庭美德

（一）家庭美德教育的含义

家庭是以婚姻和血缘关系或收养关系为基础的社会生活组织，是人类社会、国家，乃至每个村庄的最基本的组织单位和经济单位。而家庭美德是每个公民在家庭生活中应该遵循的行为准则，它涵盖了夫妻、长幼、邻里之间的关系。正确对待和处理家庭问题，共同培养和发展夫妻爱情、长幼亲情、邻里友情，不仅关系到每个家庭的美满幸福，也有利于社会和村庄的安定和谐。所以，我们要大力倡导以尊老爱幼、男女平等、夫妻和睦、勤俭持家、邻里团结为主要内容的家庭美德，鼓励人们在家庭里做一个好成员（图2-4）。

图 2-4　家庭美德教育宣传

1. 父母抚养教育子女的美德

孩子是夫妻平等相爱的结晶。孩子的诞生，使夫妻关系派生出了亲子关系。亲子美德的重要表现，便是父母对子女的抚养和教育。父母抚养、教育子女，是我国的一项传统美德，主要表现为父母双方对孩子的共同抚养、教育。从"抚养"层面上讲，就是为孩子提供良好的物质条件促进其生理的生长发育；在"教育"层面上讲，就是父母以崇高的责任心和义务感来铸造孩子健全的人格和高洁的心灵，传续一代代父母对子女的殷切厚望，推动孩子社会化的进程，并为孩子接受学校和社会教育提供必要的物质条件，使其成为适应社会需要、有所作为的人。

2. 夫妻平等相爱的美德

夫妻是由于婚姻关系而结合在一起的一对异性，夫妻关系是派生其他一切家庭关系的起点。在现代社会，夫妻关系已日益成为家庭关系中的主轴，夫妻之间的婚姻质量也日益上升为家庭生活质量的决定性因素。因而，夫妻平等相爱的美德建设，是经营好一个家庭的基础。这种美德，主要体现在尊重对方的人格和情感，尊重对方的个性与发展意愿。这种尊重在日常生活中具体表现为夫妻间的相互帮助、相互信任、相互理解。夫妻平等相爱的美德，还表现在夫妻间的相互给予和奉献。道德的婚姻不是相互占有，而是平等的结合；恩爱的夫妻不是相互索取，而是无私地给予和奉献。

3. 家庭与社会各方面和谐关系的美德

家庭与社会之间的密切关系，历来有许多形象的比喻，如"家庭为社会的细胞""家庭为社会之网的网上之结"等。这些比喻，既揭示了家庭的存在和发展对社会整体的重要意义，也暗示了家庭处于社会大系统中所应具有的开放特征。在现实社会中，任何一个家庭的存在与发展，都不是孤立的，家庭生活的每一刻，都在同社会中的其他组织、单位或个人发生着联系。所以，一个家庭的存续需要与社会中的其他组织和个人建立起一种和谐的关系，彼此之间能够团结互助、平等友爱、共同前进，而且，家庭更要服务和奉献于整个社会。

4. 子女养老尊老的美德

子女养老尊老的美德，实际上就是我们常说的"孝道"，这是我国一项优良的传统美德。同父母抚养教育子女一样，这种"孝道"也表现在两个方面：一是养老，即为老人提供相应的物质生活条件，照料老人的日常生活起居；二是尊老，即子女要真心实意地尊敬双亲，从心理和精神上给予老人满足和关心，让他们真正成为物质和精神上富有的人。

5. 勤劳致富、节俭持家的美德

在家庭领域，勤劳致富和节俭持家都是我们民族大力提倡的传统美德。之所以强调勤劳致富是因为：第一，勤劳致富本身包含着家庭对社会奉献的成分。"家兴而国家昌明，家富而国家强盛。"家庭富足,不仅是国家繁荣昌盛的具体表现,也是国家繁荣昌盛的基石。所以,勤劳致富,不仅是利家之举,更是兴国之行。第二,勤劳致富是家庭美满幸福的必要条件。拥有富足的生活条件,才能享受更宽广的生活空间,这是我们追求的目标之一。

(二) 农村家庭美德教育的途径

农村家庭美德建设是一项庞大的社会建设工程,涉及千家万户、方方面面,工作任务艰巨、复杂,要形成党政群民"四位一体"的工作格局,通过多种渠道抓紧抓好。农村党支部、村委会要高度重视,建设进行总体规划,派专人负责,有具体措施,及时督促、检查,真正把本村的精神文明落到实处。要充分发挥党员干部的示范、导向作用和农村各种群众组织的纽带作用,特别是妇联会的作用。另外,要充分利用宣传工具,通过广播、电视、书刊、报纸等宣传教育媒体,进行大张旗鼓的宣传教育,营造良好的家庭美德建设的社会舆论氛围。运用法律武器,对严重败坏家庭道德并造成严重后果的人,予以法律制裁,扶正祛邪、惩恶扬善。通过一系列活动,将美德建设引入每个家庭。

四、提升政治法律素质

(一) 新型职业农民应具备的政治素质

所谓政治素质,一般是指对我国的民族、阶级、政党、国家、政权、社会制度和国际关系具有的正确的认识、立场、态度、情感以及与此相适应的行为习惯。包括政治主体关于政治的观念、知识、能力和技巧4个方面。政治观念是对参与政治的目的、责任以及参与者的基本权利的看法;政治知识是对现行的政治制度和参与政治的程度等的了解程度；政治能力是指政治参与者作出政治选择和判断以及表达自己政治意见的能力；政治技巧是处理特殊政治问题的策略、方法和灵活性。

新型职业农民应具备以下几个方面的政治素质。

1. 较强的政治意识

政治意识作为政治领域的精神现象，是政治生活和政治活动的心理反应，是人们在特定的社会条件下形成的政治态度、政治情怀、政治认识、政治习惯和政治价值的复合存在形式，它构成政治系统的基础和环境，是政治的隐性结构。政治意识作为隐藏在人们政治行为背后的无形的精神力量，无时无刻不在影响着人们的政治判断和政治决策。新型农民应具有较强的政治参与意识，即以主人翁的姿态，通过各种合法方式参与国家的政治生活和农村的各项社会事务，并能在各项活动中较准确地分辨是非，不盲目听从他人的鼓动，有自己的政治见解。新型农民还要有鲜明的民主权利意识，懂得如何运用自己的民主权利，把农村的基层民主建设好。

2. 充分的政治知识

历史上，中国农民与政治基本上是无缘的。新中国成立后，国家通过一系列政策、制度和法规大幅度提高了农民的社会地位。在党和政府的关心和重视下，农民的主人翁责任感大大增强。他们积极响应和支持党和政府的方针政策，关心国家大事，参与民主管理活动，政治法律素质有了明显提高。但是我们也必须清醒地认识到，就总体而言，中国农民的政治知识比较缺乏。新农村建设要求广大村民必须熟知我国现行的政治制度和政治体制；了解党在农村的各项方针政策，并能做出自己的理解和评价；了解有关村民自治制度的具体内容，以便能积极参与村民自治的实践；了解自己所拥有的政治权利、应承担的政治责任以及通过什么样的方式和渠道参政议政等，以便更好地参与农村的政治生活。

3. 较强的政治参与能力

政治参与是公民自愿通过各种合法方式参与国家政治生活的行为，其行为特点带有自愿性和选择性。建设新农村，需要全体村民发挥自己的聪明才智，积极投身于各种政治活动中，凭借自己所掌握的政治知识对村里的大小事务作出及时、准确的判断和选择，并通过适当的形式将自己的政治意愿和要求清楚地表达出来，表明自己的政治立场，亮明自己的政治观点，为村庄的政治发展尽力（图2-5）。

图2-5　农村选举

4. 合理地表达政治诉求

农村政治事务无论大小，都涉及每一位农民的切身利益，不可避免地会与他人或乡镇政府发生这样那样的矛盾冲突。当自己的政治权益受到不法侵害时，应运用适当的方法和技巧，将矛盾化解在萌芽状态，达成自己的政治诉求。而事实上，发生在农村的很多不愉快事情，如村民选举中的贿选、拉帮结派、群体冲击乡镇政府等，大多是因农民处理政治事务的方法过于简单，才使矛盾激化，导致局面难以收拾。

（二）新型农民应具备的法律素质

法律素质是指公民在法律知识、法律意识和依法办事能力等方面的综合状态。新型农民的法律素质同公民法律素质一样，也是一个内涵极其丰富的概念，具体包括以下 3 个方面。

1. 法律知识

法律知识是人们在社会实践中所获得的对法律的认识和经验的总称。法律知识是人类对法律现象和规律不断探索的结果，它包括法的基本理论、规范、制度、渊源、历史发展、思想沿革和实践经验总结等多方面的知识。

法律知识可以分为一般法律知识和专业法律知识。前者是指作为一个公民应具备的法律常识，如宪法规定的公民的基本权利和义务；后者是指从事某种职业所应具备的专业法律知识。

法律知识是法律意识形成的基础，对法律知识的掌握和进一步理解便形成一定的法律观点，法律知识还可以转变为深刻而可靠的法律信念、法律思想，形成法律意识。

2. 法律意识

法律意识也称法律观，它是人们关于法律的情感、信念、观点和思想等的总称。法律意识是一种观念的法律文化，对法的制定实施是非常重要的。它表现为探索法律现象的各种法律学说，对现行法律的评价和解释，人们的法律动机，对自己权利、义务的认识，对法、法律制度了解、掌握、运用的程度以及对行为是否合法的评价等。

法律意识是社会意识的一种。法律意识属于历史范畴，具有明显的阶级性和政治性。法律意识也属于法律文化范畴，它是人类法律实践活动的精神成果，包含着人类在认识法律现象方面的世界观、方法论、思维方式、观念模式、情感、思想和期望，蕴含着个人及群体的法律认知、法律情感、法律评价。法律意识不是自发形成的，它是人们在社会生活学习和自觉培养的结果，也是法律文化传统潜移默化的影响的结果。

我国是一个农业大国，农村人口占总人口的50%以上，他们的法律意识得不到提高，其他人和法律工作者的法律意识提得再高也不能根本提升我国的法治水平。依法治国的关键在于形成一个良好的法治环境，而一个良好的法治环境基础，少不了生活在其中的民众具备一定程度的法律意识，这是基础中的基础。目前，我国农民的法律意识还普遍比较薄弱，依法治国要取得进一步的成就，必须加强农民的法律意识建设。

3. 依法办事的能力

依法办事的能力是指农民所具有的运用法律来规范和指导单位或个人的行为，解决矛盾和冲突，维护合法权益，追究违法行为的法律责任的能力。依法办事是人类政治文明和社会进步的基本标志，是与时俱进、创新发展的客观趋势，是贯彻依法治国方略的具体举措。

加强法律学习，严格执法实践。学法知法懂法，是提高依法办事能力的基础和前提，每个农民都必须加强法律知识的学习，深刻理解法治精神，从法理上把握法律规定，做到知法、懂法。要把宪法作为一门必修课，通过学习，掌握我国法律体系的总纲，理解我国法律的基本原则和精髓。同时，要结合各自的工作，学习通晓一些履行职责所必需的法律法规，提高法律素养。要在系统学习的基础上，通过严格的技法实践，提高依法办事的能力与自觉性。要切实加强实际运用和实践锻炼，把学到的法律知识转化为规范和指导工作的实际能力，转化为维护公民和法人合法权益的实际能力。

总之，农民的法律素质是农民掌握法律知识、增强法律意识、遵守法律规范和运用法律能力的高度统一和综合体现。

(三) 提高农民政治法律素质的途径

1. 加强农村思想政治建设，提高农民的政治觉悟

加强农村思想政治工作的核心是引导和教育农民，激发他们的积极性和创造精神，培养有理想、有道德、有文化、有纪律的社会主义新型农民。党的农村政策是党的理论和路线的具体体现，代表党对农业、农村和农民问题的主张，是党对农村工作规律性的总结，也是农民利益的集中体现。把农村政策落实好，是保证农村改革和发展顺利进行的关键，也是农村思想政治教育的基本内容。加强对农民的政策宣传，把政策完整地教给群众，关键是抓好地方基层干部。只有基层干部深入透彻地理解好政策，才能做好向农民宣传教育的工作，让党的政策深入民心，把广大农民的积极性、主动性、创造性最大限度地调动起来。重视对农民进行国内外时事政治教育，加强农民的国情教育，联系农村改革与发展的实际，激发农民发扬艰苦奋斗、开拓进取的精神，引导农民发扬顾全大局、互助友爱和扶贫济困的精神。正确处理国家、集体、个人三者之间的利益关系，自觉履行对国家、集体应尽的义务。

2. 增强农民的法制观念，开展法制宣传教育

人民群众的法律水准是一个社会文明进步、和谐稳定的基础。要针对当前的实际情况进行普法宣传，增强人们的法制观念，使干部懂得依法行政、依法办事，使农民懂得公民应有的权利和义务，了解与自己生产有关的法律、法规，达到遵纪守法。根据农民的实际文化水平，充分运用广播、电视、报纸等新闻媒体和农民群众喜闻乐见的文艺宣传形式，对农民进行广泛、深

入、持久的民主知识、法律知识的宣传、教育和灌输，逐步增强干部群众的民主法律意识。

通过对农民进行以宪法、村民委员会组织法、农业法、婚姻法、土地管理法等和农民生产生活密切相关的法律知识的宣传，使抽象、枯燥的民主理论、法律知识形象化、具体化为广大农民群众易于接受的形式，从而有效地传递给农民，营造出一种良好的民主法律文化氛围，使农民在这种氛围中轻松、自然地接受民主知识和法律知识的熏陶和教化。长期坚持下去，必然有助于农民政治法律意识的形成和增强。通过法制教育，使农民真正成为知法、懂法和守法的社会主义新型农民。

3. 加大执法力度，净化社会风气

社会稳定是农村改革和发展的前提。根据历史经验，法治工作搞得好的地方，农村社会稳定、经济发展、社会繁荣。

一些贫困的农民法治意识淡薄的一个原因是司法成本太高。他们无法通过法律维权。当他们的合法利益受到侵害时，往往面临着 2 种选择：一是牺牲自身的一些利益和对方私了。这种行为可能助长违法者对法律威严的蔑视，继续作出对他人和社会有害的事情。二是要面临高昂的法律维权成本。在权衡之下，假如当事人认为法律维权的成本大于收益很可能就放弃维权。这就需要政府成立专门的机构为贫困农民提供法律援助，这样既维护了农民的利益，也维护了社会的正义。

要联系农村实际，围绕党的中心工作，分类指导，把教育与实践结合起来，推动依法专项治理工作，村干部要带头学法、守法、秉公执法，增强法制宣传和执法力度，整治农村社会治安，为农民群众提供一个安居乐业的生活环境。因为社会治安还存在不少问题，偷盗、抢劫严重干扰了农民群众的生产和生活。必须加大农村社会综合治理的力度，严厉打击各种刑事犯罪活动。在兴文化、正风气、抓法制、定规范上下工夫，通过制定并严格实

行村规民约等有效形式，逐步改进村风、民风，提高农民的道德水平。

4. 完善村民自治制度，推动农民民主素养和政治参与能力的提高

通过完善村民自治的自治功能和民主机制，推动和引导农民大量、有效、经常地参与民主选举、民主决策、民主管理、民主监督，在具体的民主参与活动中培养农民的民主意识和民主素质。

要进一步完善村民自治制度。村民自治是广大农民实现当家做主、表达和维护自身利益的一条基本渠道和途径。因此，要协调好村党支部、村民委员会、农民三者之间的关系；健全村民委员会制度和选举制度；要完善村民代表大会制度和村民大会制度，使村民能够通过制度化的渠道参与本村政务，真正体现"民主自治"的原则。

要完善农村人民代表大会制度和选举制度，尊重并保障农民充分行使选举权利，保证农民选出自己的代表。加强人大代表同农民群众的联系，基层人大代表要及时反映农民的要求和愿望，并积极接受农民监督。农村地方党组织要充分发挥政治核心作用，充分尊重并支持人大的工作，保证农村基层政权在党组织的领导下独立地开展工作，推动农村社会的进步发展。

模块三　科学文化素质

一、文化素质

（一）文化素质的含义

文化素质是指在文化方面所具有的较为稳定的，内在的基本品质。具体来说，是指农民所掌握的一定的基础文化知识，听、说、读、写等基本技能以及对事物的认识能力、观察能力、判断能力、分析能力等。

（二）文化素质的现状

衡量一个人文化素质高低的一个重要标准就是文化程度的高低。根据国家文化程度代码标准（国家标准 GB4658—84），文化程度从大类上可分为研究生、大学本科、大学专科和专科学校、中等专业学校或中等技术学校、技工学校、高中，初中，小学，文盲或半文盲。

目前，我国农民受教育的程度普遍偏低，大多以小学或初中文化程度为主。如某县的调查结果显示，该县农民平均受教育年限为 5.8 年，初中、小学文化程度占 90% 以上，高中文化程度只占 7.8%。

由于农民科技文化水平低，对科技的吸纳和应用能力不强，制约了农业科技成果的有效转化和农业生产新技术的快速推广。

（三） 文化素质的提升途径

农民的文化素质，直接影响着他们接受新知识和各种信息的能力，制约着他们的思维水平和农村经济社会的发展。因此，应充分利用各类教育培训资源，通过重大培训工程引导，多层次、多渠道、多形式地开展农民教育培训，提高新型职业农民文化素质。

1. 大力发展农村教育事业

无论是在软件方面还是硬件设施方面，农村的学校尤其是偏远山区的学校远远落后于城镇学校，无法满足农民科技培训的需要，农民获取科学技术知识的渠道还不够通畅。为了提高农民的文化素质，为农村培养优秀人才，政府可以积极调整财政支出结构，增加支农资金，加大对农村教育、培训的投资，大力发展农村教育事业。

2. 加强农村科普工作。

科普是提高农民文化素质的有效途径。科学技术的发展，为广大农村的科普工作提供了便利条件。我们要充分利用现代化教育手段，充分利用互联网、电视等现代传播手段，加快农村信息服务体系建设，大力开展科普工作，开展科技培训和技术服务等惠农活动。农村科普面广量大，地区差异大，应从本地实际出发，因地制宜，针对不同的对象，选用合适的形式和内容，进行科普宣传和教育。

3. 着重发挥农村现代远程教育

现代远程教育是基于信息技术的一种虚拟教育形式，于20世纪90年代开始在农民教育领域推广应用。在实践过程中，现代远程教育凭借开放、灵活、大众化、终身性和易推广等优势，有效克服了时间、地点、成本等传统因素的制约，大大提高了农民教育培训的效率。

利用农广校系统广播、电视、卫星网、互联网等多种现代远程教育资源开展农村远程教育，紧紧抓住务农农民骨干群体，进行农业远程媒体资源利用技术培训，提高远程媒体资源的利用率，把优质教育培训资源和市场信息快捷高效地送到广大农村，多快好省解决新型职业农民培育问题，见下图所示。

图　远程教育培训

农民现代远程教育应与义务教育、职业教育甚至学历教育同等重要的地位。如果有条件，可以把农民远程教育作为农民教育培训的有效形式之一纳入国家教育发展规划和正规教育体系，给予长期的、稳定的和充足的支持。

二、农业技能

（一）农业技能现状

农业技能是指从事农业生产应具备的基本技术、能力。调查结果显示，农民的农业技能素质不高，进行农业活动大多依靠传统经验，接触过现代农业科技知识的不足15%。平均1 000名农业劳动力中才有农业技术人员6.4人。我国受过职业技术教育和培训的农业劳动力占全部农业劳动力的比重不足20%，而荷兰80%的农民受过中等教育，12%毕业于高等农业学院。

近年来，农业部为贯彻落实中央关于加强技能人才和农村实用人才队伍建设的有关精神，扎实推进人才强农战略，积极探索建立培养形式多样、评价方法科学、岗位管理规范、保障措施完善的农业技能人才工作新机制，努力培养造就一支规模宏大、结构合理、素质优良的农业技能人才队伍。截至2013年年底，通过农业职业技能开发获得国家职业资格证书的农业技能人才达到410万人次。

（二）农业技能的内容

1. 农作物高产栽培技术

农作物高产栽培需抓好以下4个环节。

（1）选用良种。良种占增产贡献份额的45%。良种必须具有丰产性、稳产性、抗逆性。包衣好的种子播前晒种，无包衣的要用满适金包衣。

（2）全营养配方施肥。以有机肥为主、化肥为辅，配方施肥。氮磷钾合理配比，多施生物有机肥，补施硼、锌、铁等微肥。其中，商品有机肥、生物菌肥、使用微肥是今后施肥的方向。

（3）培育壮苗。

①促早出苗、早生根。做好种子处理，用生物菌肥拌种，种肥适量，底墒充足，播深合理。

②早管理、早防病虫害。真叶展开后，防地老虎、防苗期立枯病、根腐病、猝倒病，用天达 2116 壮苗灵+天达恶霉灵连喷 2~3 次。如育苗，苗床喷淋满适金 2~3 次。若是夏季，苗期早喷蚜虱净+禾丰锌防治病毒病。

③促早返苗。如育苗移栽，移栽前，喷洒使百克+磷钾动力，提高成活率；移栽时，用生物菌肥+磷钾动力稀释液浇定植水，缩短返苗时间。

（4）促作物健壮生长。在作物生长前中期，结合防病治虫，每隔 10~15 天喷洒 1 次漂效王，可促健壮生长，搭好丰产架子；在作物生长中后期，结合防病治虫，每隔 7~10 天喷洒 1 次磷钾动力，可促进灌浆成熟。

（5）防灾减灾。

①遇到药害时，及早喷洒海绿素+恶霉灵+红糖。

②遇到寒、热、旱、涝、雹等灾害时，及早喷洒海绿素或天达 2116+磷钾动力+红糖。

③防倒伏。

④防重大病虫害：要清楚各种作物常发的、为害较重的病虫害，及早预防。

（6）改善（确保）品质。鲜食类作物采收前 7~10 天，喷洒营养器官天达 2116 或海绿素，降解农药残留；根茎类作物生长后期，喷洒 2 次天达根喜欢 2 号或根茎型 2116+磷钾动力；贮藏类作物在贮藏前用使百功喷洒或浸泡营养器官，可杀菌保鲜。

2. 测土配方施肥技术

测土配方施肥涉及面比较广，是一个系统工程。整个实施过程需要农业教育、科研、技术推广部门同广大农民相结合，配方肥料的研制、销售、应用相结合，现代先进技术与传统实践经验相结合，具有明显的系列化操作、产业化服务的特点。一般采用的测土配方施肥方法，主要有以下 8 个步骤。

（1）采集土样。土样采集一般在秋收后进行，采样的主要要求是：地点选择以及采集的土壤都要有代表性。从过去采集土壤的情况看，很多农民甚至有的技术人员对采样不够重视，不能严格执行操作程序。取得的土样没有代表性。采集土样是平衡施肥的基础，如果取样不准，就从根本上失去了平衡施肥的科学性。为了了解作物生长期内土壤耕层中养分供应状况，取样深度一般在 20cm，如果种植作物根系较长，可以适当加深土层。

取样一般以 50~100 亩（1 亩 = 666.7m²，下同）面积为一个单位，当然，这也要根据实际情况而定，如果地块面积大、肥力相近的，取样代表面积可以放大一些；如果是坡耕地或地块零星、肥力变化大的，取样代表面积也可小一些。取样可选择东、西、南、北、中五个点，去掉表土覆盖物，按标准深度挖成剖面，按土层均匀取土。然后，将采得的各点土样混匀，用四分法逐项减少样品数量，最后留 1kg 左右即可。取得的土样装入布袋内，袋的内外都要挂放标签，标明取样地点、日期、采样人及分析的有关内容。

（2）土壤化验。土壤化验就是土壤诊断，要找县以上农业和科研部门的化验室。一般县农业技术推广中心都有这类化验室，土壤化验主要是由他们来承担。化验内容的确定，考虑需要和可能两个方面。按目前农民对化验费用的实际承受能力，只能选择一些相关性较大的主要项目。各地普遍采用的是 5 项基础化验，即碱解氮、速效磷、速效钾、有机质和 pH 值。这 5 项之中，碱解氮、速效磷、速效钾，是体现土壤肥力的三大标志性营养元素。有机质和 pH 值 2 项，可做参考项目，根据需要可针对性化

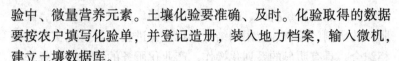

验中、微量营养元素。土壤化验要准确、及时。化验取得的数据
要按农户填写化验单，并登记造册，装入地力档案，输入微机，
建立土壤数据库。

（3）确定配方。配方选定由农业专家和专业农业科技人员
来完成。省里聘请了农业大学、农业科学院和土肥管理站的7名
专家组成专家组，负责分析研究有关技术数据资料，科学确定肥
料配方。各地的农业技术推广中心、土肥站，负责本地的肥料配
方。首先要由农户提供地块种植的作物及其规划的产量指标。农
业科技人员根据一定产量指标的农作物需肥量、土壤的供肥量以
及不同肥料的当季利用率，选定肥料配比和施肥量。这个肥料配
方应按测试地块落实到农户。按户按作物开方，以便农户按方买
肥，"对症下药"。

（4）加工配方肥。配方肥料生产要求有严密的组织和系列
化的服务。省里成立了平衡施肥技术产业协作网。这个协作网集
行业主管部门、教育、科研、推广、肥料企业、农村服务组织于
一体，实行统一测土、统一配方、统一供肥、统一技术指导，为
广大农民服务。配方肥的生产第一关，要把住原料肥的关口，选
择省内外名牌肥料厂家，选用质量好、价格合理的原料肥。第二
关，是科学配肥。由县农业技术推广部门统一建立配肥厂。

（5）按方购肥。经过近些年推广测土配方施肥的实践，一
些地方已经摸索出了配方肥的供应办法。县农业技术推广中心在
测土配方之后，把配方按农户按作物写成清单，县推广中心、乡
镇综合服务站、农户各一份。由乡镇农业综合服务站或县推广中
心按方配肥销售给农户。科学本身是严格的，来不得半点马虎。
大家都听说过美国正在搞精准农业。把农业生产技术像工业生产
工艺规程那样管理。美国已有1/5左右的耕地采用卫星定位测土
配方施肥。简单地说，他们按着不同土壤肥力条件，确定若干适
应不同作物的施肥配方。当播种施肥机械田间作业时，由卫星监

视机械行走的位置，并与控制施肥配方的电脑系统相联结，机械走到那个土壤类型区，卫星信息系统就控制电脑采用哪种配方施肥模式。这种施肥是变量的、精确的，这是当今世界上最先进的科学施肥方法。现在搞的平衡施肥，应当说还是一个过渡阶段。但发展趋势越来越科学。一定要认真解决过去出现的"只测土不配方、只配方不按方买肥"的问题，全面落实平衡施肥操作程序、不断提高科学化水平。

（6）科学用肥。配方肥料大多是作为底肥一次性施用。要掌握好施肥深度，控制好肥料与种子的距离，尽可能有效满足作物苗期和生长发育中、后期对肥料的需要。用作追肥的肥料，更要看天、看地、看作物，掌握追肥时机，提倡水施、深施，提高肥料利用率。

（7）田间监测。平衡施肥是一个动态管理的过程。使用配方肥料之后，要观察农作物生长发育，要看收成结果。从中分析，作出调查。在农业专家指导下，基层专业农业科技人员与农民技术员和农户相结合，田间监测，翔实记录，纳入地力管理档案，并及时反馈到专家和技术咨询系统，作为调整修订平衡施肥配方的重要依据。

（8）修订配方。平衡施肥测土一般每3年进行1次。按照测土得来的数据和田间监测的情况，由农业专家组和专业农业科技咨询组共同分析研究，修改确定肥料配方，使平衡施肥的技术措施更切合实际，更具有科学性。这种修改完全符合科学发展的客观规律，每一次反复，都是一次深化提高。

3. 农机深松技术

土壤深松就是把深处的土壤进行松动，深处是指犁底层以下25~40cm处。松就是只松土不翻土。农机深松就是利用拖拉机与配套的深松机具，完成农田深松作业，不翻转土层，保持原有土壤层次，局部松动耕层土壤和耕层下面土壤的一种耕作技术。

（1）土壤深松的特点。一是打破犁底层而不翻转土壤，做到土层不乱，改善土壤耕层结构，降低土壤容重，促进土壤微生物活动，改善土壤理化性状，提高土壤供肥能力。二是提高土壤蓄水保墒能力，由于土壤耕层加深，能够蓄纳大量雨水、雪水，形成"土壤水库"增强对自然条件的使用调节能力，做到抗旱防涝。三是减少水土流失，通过深松加深土壤耕层，可减少径流，降低风蚀，水蚀造成的水土流失，促进农业可持续发展。四是改善土壤的固相、液相、气相比例等理化性能，促进农作物根系发育，增强吸收能力，根深苗壮，提高产量。

（2）土壤深松的必要性。从耕地情况看，长期采用旋耕或浅翻作业，在土壤耕作层与心土层之间形成一层坚硬的、封闭式的犁底层，厚度可达 8~12cm，它的总孔隙度比耕作层或心土层减少 10%~12%，阻碍了耕作层与心土层之间水、肥、气、热的连通性，降低了土壤的抗灾能力，同时，作物根系难以穿透犁底层，根系分布浅，吸收营养范围减少，抗灾能力弱，易引起倒伏早衰等，影响产量提高，实施农业深松作业，可以有效打破犁底层，改善土壤水、肥、气、热条件。

（3）农机深松适宜的地块。

①农机深松适合绝大部分类型的土壤，特别适应于对中低产田的改造和不宜翻耕作业的土层浅地块。

②沙土地不宜深松作业，避免深松后水分渗透加快。

③土层较薄（小于 28cm）和土壤内有砖头树根地块不宜深松。

④重黏土地不宜全方位深松，但可以间隔深松。

（4）农机深松的时间。深松作业在春夏秋冬 4 个季节都可进行。一是春季玉米播种前深松。二是夏季小麦收获后深松施肥播种复式作业，可充分接纳雨水，防止地表径流，达到抗旱排涝的效果。三是秋季玉米收获后，秸秆粉碎、深松、旋耕、播种、镇压。冬小麦播种前深松要与播种后镇压浇冻水等措施配合使用，以增强抗旱保墒效果。四是冬季，闲置地块，一般冬前进行。

（5）深松作业的质量要求。

①深松作业深度要大于 25cm（深松沟底到未耕地面的距离），深松行距不大于 70cm。

②犁底层破碎效果好，地表沟深不大于 10cm，深度一般误差不超过 2cm。

③深松旋耕作业要求，深浅一致，地面平整，土壤细粹，上实下虚，不重不漏，达到待播状态。

（6）深松机具的主要类型。

①单一深松机：只有深松功能，机具结构简单，使用方便，配套动力要求不高，但需后续作业及时旋耕。

②振动深松机：该机深松铲为机械振动式，具有工作阻力小、松土性能好，动力消耗低，配套动力要求不高特点，但机具结构较为复杂，维修保养部位多。

③全方位深松机：该机深松效果最好，犁底层打破彻底，但需动力大。

④深松旋耕机：该机为深松和旋耕合为一体机，既可单独深松或旋耕，又可复式作业，工作效率高，但需配套动力大（90马力以上），是目前主要推广机具。

⑤深松施肥播种机：该机可实现深松、播种、施肥等联合作业，工作效率高，主要适合夏季深松播种玉米使用。

⑥深松分层施肥免耕播种机：该机可实现深松、播种、施肥联合作业，主要特点是播种、施肥、深松在同一行内，复合缓释肥是在种子侧下方，施肥深度在 10~25cm，可为作物不同生长阶段提供营养。

4. 农作物病虫害防治技术

人们在与有害生物的长期斗争过程中，创造了多种多样的防

治方法，逐步认识到任何单一的防治方法，都难以达到满意的效果。因此，要想安全、经济、有效地控制有害生物的为害，就必须实行综合防治。具体有以下几大类：即植物检疫、农业防治、生物防治、物理机械防治及化学防治。

（1）植物检疫。植物检疫就是利用法律（如植物检疫条例及其实施细则、河北省植物检疫办法等）的力量，防止危险性病、虫、杂草随同植物及植物产品（如种子、苗木、块茎、块根、植物产品的包装材料等）传播蔓延，保障农业安全生产和保证对外贸易顺利发展所采取的一项重要措施。

严格禁止带有检疫对象的种子、苗木和农产品从疫区（即凡属局部发生的检疫对象，就将其一发生的地区划为"某种植物检疫对象的疫区"）向外调运，并要求在疫区内加强防治，逐步压缩发生面积，力争最终彻底消灭。与此同时，严格禁止带有检疫对象的种子、苗木和农产品等调运入保护区（即已发生相当普遍的检疫对象，就将尚未发生的地区划为"防止传入某种植物检疫对象的保护区"），或经熏蒸等处理彻底后才准进入。疫区和保护区的划定或撤销，都由省或市级农业主管部门提出，报同级政府批准。

（2）农业防治。农业防治是根据有害生物、作物、环境条件三者之间的关系，通过农业栽培技术措施，有目的地改变农田生态环境，使之有利于作物生长发育和有益生物的增殖，而不利于有害生物的发生为害，从而达到避免或减轻病虫的为害，保护作物增产的目的。农业防治是一种经济、简便、安全、有效的防治方法。

①抗性品种的培育与利用：各地的生产实践证明，利用抗性品种防治病虫害，是最经济而有效的方法。在 20 世纪 90 年代，棉花上棉铃虫一度暴发成灾，后逐渐推广种植转 BT 基因抗虫杂交棉，棉铃虫的发生逐步得以控制，发生程度逐年下降。

②改变耕作栽培制度：耕作栽培制度的形成需要一个过程，一旦形成以后则有一个相对能够稳定的阶段。这种相对稳定的耕作栽培制度，构成了农田特定的农田生态环境，决定着与之相适应的病虫害群落，使病虫害定居和发生的基础。因此，随着耕作栽培制度的改变，必将引起农田生态环境的变化，必将导致病虫害群落特别是优势种群的变动，促使某些病虫害数量的上升，另一些病虫害数量的下降，从而出现病虫害发生发展的新特点，特别是在改制之初，新旧耕作制度处于更替并存的过渡阶段，这种情况尤为突出。

③合理调整作物品种的布局：品种的布局与病虫害的发生轻重有着非常密切的关系。由于作物各品种间的生育特性差异较大，反映在病虫害的脊柱食料上，就有明显的质和量的差别，直接影响了病虫害的种群消长。譬如在稻区，利用水稻品种的多样性，可有效地控制稻瘟病的发生与为害。在抗虫棉种植区，插花种植一定比例的非抗虫棉，对于棉铃虫的发生与防治有着十分重要的作用。棉田内间、套种作物的种类多、面积大时，对于棉田盲蝽、棉叶螨、蚜虫等的发生都非常有利。

④切实加强田间管理：

一是翻耕整地　翻耕整地这不仅是农业生产上一项必不可少的措施，对于防止某些病虫害的猖獗，也是关键的一环。因为它可以直接破坏一些在土内越冬越夏的场所，杀灭这些病虫的侵染来源。例如，冬耕春翻地块，棉铃虫的有效越冬蛹比未耕翻的要少 60%~70%。

二是科学管水　土壤含水量的多少通常是一些病虫害发生轻重的重要原因，同时，也是影响作物生长的至关因素。在蔬菜育苗期间，苗床四周开沟畅通，排水良好，通常是不易诱发苗期病害的发生。在稻区，冬后灌水可使二化螟的越冬幼虫和蛹在短时间内大量窒息死亡，在水稻生长期间，及时排水晒天，可明显降低稻飞虱的产卵与为害。

三是中耕除草　中耕除草是田间管理的一项重要内容，它不仅可以起到松土灭草、保水保肥、促根壮秆、早生快发的作用，还可以直接或间接地影响到病虫害的发生，特别是对于一些土栖害虫，能起到一定的防治作用。如在棉铃虫化蛹羽化盛期，对棉田进行中耕，可破坏棉铃虫的蛹室，使之不能安全化蛹、羽化而引起死亡。早春旱地作物田间，及时铲除田间杂草，可减少田间小地老虎和蜗牛等的发生与为害。

四是合理施肥　施肥也是田间管理的主要内容。作物要想获得高产，就必须施足肥料，但多肥就不一定能够高产，关键在于"合理"两个字。对于病虫害来说，施肥得当，可以控制或减轻一些病虫的发生；施肥不当，则往往会引起病虫害的暴发，加重了为害程度。例如，稻田施用石灰和草木灰可直接杀死蓟马、负泥虫、飞虱、叶蝉等害虫；在棉铃虫产卵盛期，田间喷施1%过磷酸钙浸出液作根外追肥，能迫使成虫集中产卵，减少药治面积；相反，大量施用未充分腐熟的厩肥，常会导致某些地地下害虫如蝼蛄、蛴螬等的猖獗以及诱导种蝇成群飞来产卵，造成严重为害。当施肥过多过量时，特别是氮肥，不仅引起作物疯长，还为一些病害的发生营造了良好的生境。例如，玉米田后期长势过旺，贪青晚熟，常会引起王斑病的发生；稻田氮肥过量时，稻株疯长，田间荫蔽度高，易诱发纹枯病的发生，更加重了稻飞虱的发生与为害。

五是整枝去杈　结合田间栽培管理，及时除去无效枝、叶，不仅可以促进作物的生长同时对于病虫害的发生有较好的抑制作用。据调查，及时除去棉花的空枝、叶枝，摘去棉株顶心、边心，抹去赘芽等，可使第二、第三代棉铃虫卵量减少 10.0% ~ 30.2%，幼虫减少 9.6% ~ 15.1%；四代卵量减少 20.6% ~ 40.5%，幼虫减少 10.1% ~ 20.3%。除去田间油菜植株上的病、黄、老叶，可大大减轻田间油菜菌核病的发生。

六是清洁田园 作物的遗株、枯枝、落叶、残果等残余物中，往往潜藏着很多有害生物，并为某些有害生物提供良好的越冬越夏场所，成为他们侵染为害的重要来源。在果园，掉落在地下的果实上由不少的病虫在其上寄生；在稻田，稻桩内有大量的越冬二化螟幼虫及梨锈病的冬孢子。田间发现病株时，及时拔除病株，并带出田外集中处理。

在生产实践上，作物高产与病虫发生，总有一定的矛盾。一般来说，作物产量越高，病虫害的矛盾越突出。因此，单靠农业防治，已达不到完全控制病虫为害的目的，必须把其他有效的防治措施结合起来，才能确保作物的高产。

（3）生物防治。生物防治就是利用有益生物及其代谢产物和基因产品等来控制有害生物发生与为害的方法。在自然状况下，凡是有有害生物存在的地方，都会有一定数量的天敌并存，在不受干扰的生态条件下，天敌对控制病虫害常起着重要的作用。虫害主要是通过以虫治虫、以菌治虫和有益生物的利用，病害主要是通过物种间的竞争、抗菌、重寄生、交叉保护剂诱发抗性等作用，来抑制某些病原物的存活和活动。

①天敌的保护与利用：要充分利用天敌的自然控制作用，减轻药剂防治的压力。一是前期害虫的防治，应针对性选择专性较强的药剂，严格按防治标准施药，局部挑治，尽可能推迟第一次大面积喷药时间，促进害虫天敌群落的及早建立与稳定发展；二是改变施药方法，实行局部、隐蔽施药。

②生物农药的利用：利用病原微生物或其代谢产物来防治病虫害，已越来越被广大农民接受和重视，成功的例子也很多。如利用 BT 生物农药、阿维菌素、病毒制剂等防治多种害虫，井冈霉素、农用链霉素等的应用。

③其他有益生物的利用：如稻田养鸭治虫、保护青蛙、益

鸟等。

（4）物理机械防治。物理机械防治就是应用各种物理因子、机械设备以及多种工具来防治病虫。包括光学、电学声学、力学、放射物理等等范畴。主要有以下几面。

①器械捕杀：如黏虫网、黏虫板等。

②诱集（杀）：利用害虫的趋性，采用适当的方法诱集害虫，然后进行处理杀死。如灯光、性诱剂诱杀棉铃虫、二化螟等；糖醋液诱杀黏虫、斜纹夜蛾、小地老虎等；蜗牛敌（多聚乙醛）诱杀蜗牛等。

③阻隔法：根据病原有害生的活动规律，设置适当的障碍物，防止有害生物为害或组织蔓延。如果园中采取果实套袋的方法，可防止多种害虫的为害；树干上涂胶，可防止下部害虫上树为害；树干刷白，既可防止冻害，减轻病害的发生，又能阻止天牛产卵；蔬菜基地利用防虫网，既能防止压成等害虫的迁入，又能避免因蚜虫而引起的病毒病的发生。

（5）化学防治。使用农药来防治病虫害由来已久，它具有见效快、工效高、不受时间、地域限制的特点，因而在病虫害的综合治理中，一直占有重要位置。在病虫的综合治理中，如何发挥化学防治的长处和限制其短处，是防治病虫害中的一个热门课题。

①加强预测预报：病虫害预测预报是其防治工作的基础，它为适时开展化学防治，提供科学的理论依据，是指导大面积病虫防治的基础。只有在加强田间调查的基础上，才能够及时掌握田间病虫的发生动态和消长规律，才能使病虫防治做到有的放矢。一方面要加强对农作物病虫害预测预报的研究，努力提高预测预报的技术；另一方面政府部门要加大对预测预报的投入，健全县、乡、村三级测报网络，加强网络的建设，提高测报人员的业务水平，改善测报的环境条件和手段，保证测报队伍的稳定和

质量。

②科学选用农药：科学选用农药的关键在于选用对路农药品种。当前市场上供应的农药品种很多，但全部都是针对一种病虫或几种病虫有效，对不属于其防治对象的病虫种类是无效的，现在还没有一种农药对什么病虫都有效。所以，必须要农技人员咨询，根据田间病虫害发生的种类选择高效低毒对路药剂，切不可盲目乱用农药。

③合理使用农药。大力推广生物农药，并提倡与化学农药混合使用，尽量避免单剂与复配制剂以及复配制剂之间的混用，不同农药品种间要现配现用，同时要做到交替轮换使用，同一农药品种每代只用 1 次，全年不得超过 3 次。

为了提高农药的田间防治效果，施药必须做到如下 4 点基本要求。

第一，喷雾对水量要足，喷洒要均匀周到。目前，农民普遍使用工农 – 16 型手动喷雾器，喷头片出水孔直径为量 1.3 ~ 1.7mm。一方面，不少农民为了省工，每亩田通常只喷 1 药桶水，约 12 ~ 15kg。有的为了快速喷完药液，随意将喷头下掉，进行粗水喷雾，这些做法，都不科学，会导致喷洒药液不均匀，甚至漏喷，从而降低防效，特别是一些内吸性不强的杀虫剂和杀菌剂，病虫没有直接接触到药液，防效很差。另一方面，由于用水量过少，药液浓度太高，也容易造成施药人员中毒、作物产生药害。因此，使用常规手动喷雾器喷药，在作物旺长期喷药，要求每亩对水量：杀虫不少于 50kg，防病不少于 60kg。

第二，防治水稻田害虫，田里应保持浅水层 3 ~ 5 天。如防治稻飞虱、稻纵卷叶螟和螟虫时，田里有水，害虫的为害部位就升高一些，增加了农药与病虫接触的机会；喷洒的农药落在田水里，对转株为害而落入水中的害虫也有杀伤作用；一些有内吸作用的农药，在有水的条件下，更易被稻株吸收或渗透至茎叶里，

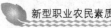

并传导到稻株的各部位而发挥杀虫防病作用。因而，施药时田里保持浅水层，能显著提高防治病虫的效果。

第三，要对准病虫的主要为害部位喷药。各种害虫都有特定的生活习性，病菌有最佳侵入部位，对栖息和为害作物的部位都有一定的选择性。例如，稻飞虱，主要群集于稻株的下部为害；1代二化螟幼虫主要为害叶鞘，防治这类害虫，应采取压低喷头粗水喷雾的方法，让药液集中到水稻兜部，防效最好。又如，棉花害虫，苗期的蚜虫、棉红蜘蛛大都集中在叶片的背面取食，喷药的重点部位在叶子背面；棉铃虫喜欢在嫩头及嫩叶正面产卵，2龄前的幼虫多集中在嫩叶附近的幼蕾上为害，2龄以后才为害青铃；斜纹夜蛾卵块主要产在中上部叶片的背面，初孵幼虫群集为害，3龄后转株分散为害。掌握这些规律，对准害虫主要为害部位喷药，是提高药剂防治效果必不可少的基础知识。

第四，高温、高湿天气不宜施药。在气温高达40~50℃，此时喷出的药液极易挥发降解，损失药效，而且施药人员不可避免地要吸入大量的农药气体，非常容易发生中毒事故。因此，高温季节的11：00~14：00时前不宜施药，在高湿的情况下，作物表皮的气孔大多张开，如在此时施药，最容易产生药害。最佳的施药时间为晴天16：00至天黑前，这段时间植物的叶片吸水力最强，尤其是对有内吸作用的农药，提高防效显著；同时，气温低，药剂降解慢，挥发量小，对施药人员较安全，对一些喜在夜间取食的害虫提高防效明显。

（三）农业技能的提升途径

农业技能人才是农业农村人才队伍的重要组成部分，是解决"谁来种地，如何种地"问题的骨干力量，是推动农业产业结构调整的生力军，在发展现代农业和建设社会主义新农村中发挥着不可替代的重要作用。加强农民农业技能的提升主要有如下途径。

1. 强化职业农民培训的产业支撑

农业生产培训要树立务实管用的理念。当前，最迫切的就是要结合区域种植条件和农业发展环境，明确农民发展农业生产的实际需要和培养新型职业农民的定位，结合区域种植作物的生长特点等制订培训计划，适应农民生产需求，全面提高农民的职业技能素质。要强化培育新型职业农民的产业支撑和市场导向，结合区域发展条件选择市场前景好的重点农业产业进行培育，使新型职业农民的职业技能有施展的空间。

2. 分步实施技能培训，提升新型农民种植技能

我国地域辽阔、区域农业发展环境差异很大，农民数量众多，对农民的职业技能培训不可能一蹴而就，要结合区域农业发展需求和现状，分区域、分类别进行教育培训，对于农业发展水平较高的地区，结合农业产业化发展需要，加强农民的种植机能、市场研判和经营管理能力培训，培养"有文化、懂技术、会经营"的新型职业农民；对于农业发展水平较低地区的农民，重点加强作物种植技能培训，这也是发展现代农业的基础条件，我国当前农业发展水平与发达国家相比整体不高，要加强农民应用生物科技进行种植的培训，通过对作物生长、产量等因素进行科学的分析和试验，使广大农民能切实掌握区域种植作物的生长特点、发育动态和与环境的关系等规律；要加强对农民作物种植理论知识的培育，使农民在掌握农作物生长发育规律、水分养分吸收规律、激素平衡和器官平衡等方面知识的基础上，总结高效、优质、高产农作物种植要点，并让广大农民掌握；要加强作物种植实际技能的培训，全面提高农民的农作物育苗移栽、多熟制配套栽培和抗旱、防虫技术水平；要加强对农民防灾抗灾能力培训，全面提高种植作物抗病虫害、抗干旱、抗洼涝渍害、抗霜冻

等水平，最大限度提高作物产量。同时，要结合作物种植的发展趋势，加强对农民机械操作技能的培训，提高现代农业机械化作业水平；结合作物生长对土壤施肥的要求，选择合适的耕种方式并对农民进行专项培训，确保在控制土壤侵蚀的基础上改良土壤性质，合理施肥用药，节约灌溉水源，实现作物种植的优质高产；要结合区域种植条件，合理确定作物种植的密度等因素，提高农作物产量。

3. 进行科技技能培训

在搞好九年义务教育的同时，搞好农村的职业教育。加强农村的职业教育，重视对农业劳动力的技术和技能的培训工作，把提高农民的科技文化素质作为科教兴农、发展现代农业的一项重大举措。同时，"农民技能培训不能流于形式，要重实效"。通过科技下乡、技术服务、科技直通车等多种方式，对农民进行科技培训，为他们提供技术服务，提高农村劳动力的整体科技水平，以利于农业科技成果转化和农业先进技术的推广普及，拓展就业空间，提高农民致富本领，为农村的经济增长和提高农民收入水平奠定良好的基础。

4. 努力发展农业科技示范园区和农业科技企业

以建立农业科技示范园区和农业科技企业作为科研成果转化和农科教相结合的突破口，既可带动科技流、信息流、资金流向农村扩散，也能激发广大农民爱科技、学科技、用科技的热情，进而能有效地提高农民的科技文化素质。为此，农村可以根据现有农业资源分布、经济规模、设施完善程度等条件，努力发展农业科技示范园区和农业科技企业。

模块四　身心健康素质

一、科学合理膳食

"民以食为天"，食物营养是一日三餐中用以维持人们生命活动所要消化、吸收和利用的各类营养素，而合理营养就是食品在符合卫生要求的前提下，经过合理选择与配合，采用合理加工与烹调，营养、平衡膳食对机体的健康至关重要。它是人们维持生存，增强体质，预防疾病，保持精力充沛，提高劳动效率和延缓机体衰老的重要保证。

根据2016年印发的《中国居民膳食指南》要求，要达到合理营养和平衡膳食，应当做到以下几点。

（一）食物多样，谷类为主

平衡膳食模式是最大程度上保障人体营养需要和健康的基础，食物多样是平衡膳食模式的基本原则。每天的膳食应包括谷薯类、蔬菜水果类、畜禽鱼蛋奶类、大豆坚果类等食物。建议平均每天摄入12种以上食物，每周25种以上。谷类为主是平衡膳食模式的重要特征，每天摄入谷薯类食物250~400g，其中，全谷物和杂豆类50~150g，薯类50~100g；膳食中碳水化合物提供的能量应占总能量的50%以上（图4-1）。

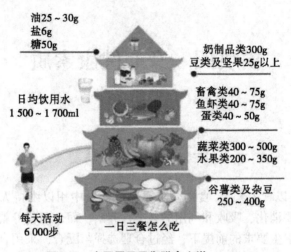

油25～30g
盐6g
糖50g

奶制品类300g
豆类及坚果25g以上

日均饮用水
1 500～1 700ml

畜禽类40～75g
鱼虾类40～75g
蛋类40～50g

蔬菜类300～500g
水果类200～350g

谷薯类及杂豆
250～400g

每天活动
6 000步

一日三餐怎么吃

图4-1　中国居民平衡膳食宝塔（2016）

（二）吃动平衡，健康体重

体重是评价人体营养和健康状况的重要指标，吃和动是保持健康体重的关键。各个年龄段人群都应该坚持天天运动、维持能量平衡、保持健康体重。体重过低和过高均易增加疾病的发生风险。推荐每周应至少进行 5 天中等强度身体活动，累计 150 分钟以上；坚持日常身体活动，平均每天主动身体活动 6 000 步；尽量减少久坐时间，每小时起来动一动，动则有益。

（三）多吃蔬果、奶类、大豆

蔬菜、水果、奶类和大豆及制品是平衡膳食的重要组成部分，坚果是膳食的有益补充。蔬菜和水果是维生素、矿物质、膳食纤维和植物化学物的重要来源，奶类和大豆类富含钙、优质蛋白质和 B 族维生素，对降低慢性病的发病风险具有重要作用。提倡餐餐有蔬菜，推荐每天摄入 300～500g，深色蔬菜应占 1/2。天天吃水果，推荐每天摄入 200~350g 的新鲜水果，果汁不能代替鲜果。吃各种奶制品，摄入量相当于每天液态奶 300g。经常吃豆制品，每天相当于大豆 25g 以上，适量吃坚果。

（四）适量吃鱼、禽、蛋、瘦肉

鱼、禽、蛋和瘦肉可提供人体所需要的优质蛋白质、维生素A、B族维生素等，有些也含有较高的脂肪和胆固醇。动物性食物优选鱼和禽类，鱼和禽类脂肪含量相对较低，鱼类含有较多的不饱和脂肪酸；蛋类各种营养成分齐全；吃畜肉应选择瘦肉，瘦肉脂肪含量较低。过多食用烟熏和腌制肉类可增加肿瘤的发生风险，应当少吃。推荐每周吃鱼 280~525g，畜禽肉 280~525g，蛋类 280~350g，平均每天摄入鱼、禽、蛋和瘦肉总量 120~200g。

（五）少盐少油，控糖限酒

我国多数居民目前食盐、烹调油和脂肪摄入过多，这是高血压、肥胖和心脑血管疾病等慢性病发病率居高不下的重要因素，因此，应当培养清淡饮食习惯，成人每天食盐不超过 6g，每天烹调油 25~30g。过多摄入添加糖可增加龋齿和超重发生的风险，推荐每天摄入糖不超过 50g，最好控制在 25g 以下。水在生命活动中发挥重要作用，应当足量饮水。建议成年人每天 7~8 杯（1 500~1 700 ml），提倡饮用白开水和茶水，不喝或少喝含糖饮料。儿童少年、孕妇、乳母不应饮酒，成人如饮酒，一天饮酒的酒精量男性不超过 25g，女性不超过 15g。

（六）杜绝浪费，兴新食尚

勤俭节约，珍惜食物，杜绝浪费是中华民族的美德。按需选购食物、按需备餐，提倡分餐不浪费。选择新鲜卫生的食物和适宜的烹调方式，保障饮食卫生。学会阅读食品标签，合理选择食品。创造和支持文明饮食新风的社会环境和条件，应该从每个人做起，回家吃饭，享受食物和亲情，传承优良饮食文化，树健康饮食新风。

营养科学告诉我们："没有一种食物能提供我们身体所需的全部营养物质""没有不好的食物，只有不好的膳食"。任何一种食物都可提供某些营养物质，关键在于调配多种具有不同特点的食物，形成合理膳食。

二、预防生理和心理疾病

（一）预防生理疾病

农村环境卫生与疾病息息相关。预防生理疾病，要从环境卫生做起。

1. 不能随地大小便

因为随地大小便污染环境及水源，是造成苍蝇生长繁殖的条件，易造成疾病传播。

2. 推广无害化卫生厕所

卫生厕所的粪池建成三格化粪池、双瓮等形式，或与沼气地联通，使粪便得到处理，能灭活粪便中的寄生虫卵及传播疾病的致病微生物。

3. 厕所、粪坑

应离水源 30m 以外，防止水源污染。

4. 粪便与疾病传播

粪便可通过多种途径感染人，最常见的感染途径如下。

（1）食物。这是较为常见的途径。

（2）饮用水。粪便的病原体污染生活用水和饮用水源，可造成肠道疾病的个体或群体的感染。

（3）洪涝期间粪池的管理。洪涝期间粪池管理不当，造成粪便外溢，人们在趟水中接触被污染的水体，可造成皮肤病的发生和感染。

5. 改厕粪管对人体健康的影响

改厕是预防肠道传染病和寄生虫病的主要措施。绝大多数的肠道病毒、肠道致病菌、肠道寄生虫及卵是与人粪一起排出体外的，粪便是导致人类肠道传染病和肠道寄生虫的元凶，粪便的无害化处理是控制肠道传染病发病率的关键。

6. 不要喝生水

因为生水中含有细菌和虫卵等不洁物质，可引起肠道传染病（痢疾、伤寒、肠炎等）和肠道寄生虫病（蛔虫病等）。

7. 粪便管道的安装

住户无论楼上楼下配置的便器排污管道在没有接入城市污水管的地区，其管道排污口必须直接插入三格式粪池第一池。

8. 不随地倒垃圾

垃圾里常常带有多种病菌和寄生虫卵以及有害物质。垃圾中有机物质腐烂分解的时候还会散发出大量有害气体，滋生苍蝇、跳蚤、老鼠，传播疾病。

9. 家庭卫生要求

居室整洁通风好，卧具干净勤洗晒。碗筷灶具干净，生熟食具分开，家庭成员有良好的卫生习惯，无四害，讲究饮食卫生、家庭主要成员懂得卫生防疫知识，家禽畜圈养，禽畜舍干净，柴草、粪土、煤堆放整齐，庭院清洁，厕所符合要求（图4-2）。

（二）预防心理疾病

1. 农民心理疾病产生的原因

农民作为一个特殊群体，其心理有独特性。

一是一些农民眼见部分农民先富起来，而自己对现状却无力

图 4-2　整齐干净的庭院

改变。难免会出现情绪不稳定，消沉，悲观，自卑感，担心，胡思乱想，闷闷不乐，心里困惑茫然，做什么都没动力。久而久之，往往会出现抑郁情绪。

　　二是很多农民往往外出务工，由于脱离熟悉的农村环境，远离亲人。有些性格内向的农民往往不知如何与新朋友交往，怎样打开话匣子，觉得自己很拘谨，人际关系处理很混乱，与人谈话时给人感觉就像与人辩论似的，或者退缩怯场，很难有知心朋友。这些农民一旦碰到压力或者应激事件，往往无处倾诉，很容易诱发心理疾患。

　　三是由于农村的教育资源相对落后，农民想要改变自己的生活状况，往往把希望寄托在儿女的教育方面，千方百计把孩子送到城市学习。这一方面增加了家庭的经济负担，带来了经济上的压力；另一方面由于农民的孩子进城读书，远离父母的监管，可能引发一系列的心理疾病，也给家长带来新的困扰。另外，农村总体文化层次偏低，缺少专业经验和能力，适应性差，社会竞争力差，使得农民在出现心理问题时，自我的调适能力明显不足，而且碰到问题后求助的欲望也往往低于正常群体。再加上农村客观上的缺医少药，在出现心理问题时，农民往往采用漠视不管或者寻求迷信等帮助，而不是及时求医。

这些问题如不及时解决，心病终究会导致疾病。防范心理疾病势在必行。

2. 心理疾病的预防

（1）保持乐观心态。人们在社会中生活，总要面对各种各样的突发事件，树立正确的心态和积极乐观生活的态度，是预防心理疾病最基础的部分。同时，应锻炼自己迅速适应环境的能力，面对现实，应当养成乐观、豁达的个性，拥有宽广胸怀，遇事想得开的人是不会受到灰色心理疾病困扰的。

（2）善于自我调节。工作和生活中的烦恼是难以避免的，为了保持自己的良好情绪，预防心理疾病的出现，应该学会至少一种自我调节方法。例如，走进大自然，让大自然的奇山秀水来震撼你的心灵，这些美好的感觉往往是良好情绪的诱导剂；欣赏音乐、多接触阳光同样会使你心情愉快。

（3）扩大社会交往。朋友的启发、忠告、劝说和帮助，能使人情绪稳定，精神放松，减轻心理冲突。在交际中相互理解和表达交流思想感情，既能取悦他人，也能放松自己，这是积极的消除心理障碍的方法。这种方法对于有效预防心理疾病助益很大。

（4）培养业余爱好。培养业余爱好可以有效调节和改善大脑的兴奋与抑制过程，进而消除疲劳，以缓解紧张感，对预防心理疾病的发生有很好的效果。

另外，运动锻炼，养心健体。因为，运动能有效地增强肌体各器官、系统的功能，且能促进脑细胞代谢，使大脑功能得以充分发挥，提高工作效率，延缓大脑衰老。

三、养成身心健康的好习惯

1. 积极参加体育活动

农民从事的工作多为体力劳动，而且劳动时身体常处于一种强迫姿势。这种持续性的劳动，总是身体某一部分的肌肉与组织在运动，容易产生疲劳甚至畸形。所以，农民很有必要在业余时间参加一些体育活动。

农民除了根据各自的爱好，因时、因地制宜地选择一些体育活动项目外，还要注意不同劳动特点，选择某一适合的锻炼方式。如劳动时主要是下肢用力而缺乏上肢活动的，适宜参加球类、练单双杠、举重等；劳动时缺乏下肢活动的，适宜参加骑自行车、跑步、踢足球等；劳动时长时间弯腰者，适宜参加体操、练太极拳等；整天坐着工作的，则适宜参加打乒乓球、羽毛球等（图4-3）。

农民适当参加一些体育活动，有助于消除疲劳，增强体质，提高劳动效率。

2. 不吸烟

一支香烟中所含的有害成分有：一氧化碳、焦油、尼古丁等，其中，危害最大的是尼古丁。一支香烟里含的尼古丁被全部吸收可毒死一只老鼠，20支香烟中的尼古丁被全部吸收能毒死一头牛。

一个成年人如果每天吸一盒烟，就吸入了50~70mg尼古丁。这些尼古丁可以置人于死地，只是由于人体间歇式吸入，加上大部分烟被吐出，吸烟者才免于死亡。但吸烟引起心血管病的后遗

图4-3 练太极拳

症则是长久的。

烟草中含有许多致癌物以及能够降低肌体排出异物能力的纤毛有毒物质。这些毒物附在香烟烟雾的微小颗粒上，到达肺泡并在那里沉积，彼此强化，结果又大大加强了致癌作用。每天吸烟10支以上的人，肺癌死亡率要比不吸烟者高2.5倍。肺癌患者的90%以及各种病症的，1/3是吸烟引起的。此外，吸烟还会引起喉癌、鼻咽癌、食道癌、胰腺癌、膀胱癌等。吸烟会使心血管病加重，加速动脉粥样硬化和生成血栓，造成心律不齐，甚至突然死亡。有研究者发现，吸烟者由冠心病引起的猝死率比不吸烟者高4倍以上。吸烟会损害神经系统，使人记忆力衰退，过早衰老。吸烟会损害呼吸系统，经常吸烟的人长年咳嗽、咳痰，易患支气管炎、肺气肿、支气管扩张等呼吸道疾病。吸烟者容易患胃溃疡病，因为，烟雾中的烟减能破坏消化道中的酸碱平衡。据一些统计数字：每吸一支烟平均减少寿命 5 分钟；长期吸烟寿命将缩短 5~8 年；吸烟者死亡率要比非吸烟者高 2.5 倍。

3. 不嗜酒

饮酒对身体弊大于利，虽然一些研究提示，酒类中的某些成分有益于健康，但与其对身体的危害相比实在是微不足道。由嗜酒引起的疾病叫酒源性疾病。有人统计，现在酒源性疾病较之 10 年前增加了 28 倍，由此而造成的死亡人数上升了 30.6 倍。长期过量饮酒，对人的胃肠、心脏、肝脏、肾脏等都会有不良的影响，容易导致一些疾病的发生，最常见的有慢性胃炎、中毒性肝炎、心肌肥大、尿路结石、痛风性关节炎、急性胰腺炎等。酒精会在不知不觉中悄悄损害脑细胞、微血管，使人感觉迟钝、注意力不集中、情绪变化无常，影响人的思维和注意力，到了一定程度就可能出现脑萎缩、脑缺血、脑动脉硬化、老年性痴呆。长期滥饮酒类对性功能也有损害。男性酒精中毒者中，大约 40%有阳痿，女性酒精中毒者中，30%~40%存在性兴奋困难。而且女性酒精中毒者更容易衰老，并且会过早绝经。过度饮酒危害很大，与饮酒肯定有关的癌症为口腔癌、咽喉癌、食管癌、肝癌、乳腺癌。

4. 不赌博

俗话说"十赌九输，久赌成疾"。赌博本身是一种刺激，常常因输赢而上瘾。赌博时由于神经高度紧张，可引起人体内一系列变化，如激素分泌增加、血管收缩、血压升高、呼吸加快、心跳加速，长期如此，对人的身心健康是十分有害的。现代医学研究发现，赌徒中高血压的患病率比正常人要高 4 倍；患消化性溃疡、紧张性头痛的比一般人更多。

此外，一旦赌博上瘾，常常是夜以继日，甚至通宵达旦地赌，这就打乱了人的正常生物节律和生活习惯，故经常赌博的人常常表现精神萎靡不振，情绪动荡不稳，久而久之，容易发生神经衰弱或其他疾病。人的大脑极度紧张，时间长久之后就会出现头晕眼花、肢体麻木、反应迟钝、难于入睡、食欲不振等症状，医学上叫"赌博综合征"。另外，长时间食欲不好、进食减少可导致营养不良、贫血以及其他疾病。

赌博者久坐不动，臀部肌肉长时间受到挤压可出现腰酸背痛，还可引起下肢血液循环不通畅，容易诱发或加重痔疮发作。凡赌博必有输赢，赢者欣喜若狂，输者消沉愤怒。有的人一输再输，债台高筑，就会铤而走险，打架斗殴，偷盗抢劫，走上犯罪的道路。

总之，赌博与其说是赌徒用钱财赌输赢，倒不如说是在拿自己的生命作赌注，它败坏社会风气，腐蚀人的思想，危害人的身心健康，有百害而无一利。

5. 远离吸毒

吸毒一旦上瘾，吸毒者的神经每天会受到毒品的麻醉，终日不思进取，身体不断受到毒品的摧残，抵抗力下降，大脑软化萎缩，人体内的免疫机制遭到破坏。长此以往，身体逐渐衰弱，精神也极度萎靡。

吸毒者一旦上瘾就难以戒断，其原因是：吸毒成瘾者只要中断吸毒，身体就会产生非常难以忍受的痛苦，如头痛、失眠、流泪、烦躁、厌食等。有的吸毒者因无法忍受痛苦往往采取自我摧残身体的方法与毒瘾对抗，如用头力碰墙，用手抓扯头发，甚至自杀等。

吸毒者购买毒品需要很多钱，这笔费用每天都要支出，而且随着毒瘾的加深支出也会相应增加，吸毒者是不可能长期承受得了的。为了满足毒瘾，许多吸毒者铤而走险，逐步走上犯罪的道路，如扒窃、抢劫、偷盗、杀人等，最终断送了自己的前程甚至生命（图4-4）。

图4-4　吸毒者

　　总之，吸毒不仅危害自身，还会破坏家庭的和睦和扰乱社会的安定，所以，要坚决予以禁止。

模块五　个人礼仪

一、仪容礼仪

在个人礼仪中，仪容是重中之重。仪容通常指人的外观、外貌。一个人的仪容，大体上受到两大因素的左右。其一，是本人的先天条件。一个人相貌如何，通常主要受制于血缘遗传。不管一个人是"天生丽质难自弃"，还是长得丑陋不堪，实际上一降生到人世便已"命中注定如此"，其后的发展变化往往不会与之相去甚远。其二，是本人的修饰维护。每个人的先天条件固然头等重要，然而这么说并非意味着一个在仪容方面先天条件优越的人，便可以过分地自恃其长，而不去进行任何后天的修饰或维护。事实上，修饰与维护，对于仪容的优劣而言往往其着一定的作用。在任何情况下，一个正常人倘若不注意对本人的仪容进行合乎常规的修饰与维护，往往在他人的心目中也难有良好的个人形象可言。所以，在平时必须时刻不忘对自己的仪容进行必要的修饰和整理，做到"内正其心，外正其容"。

（一）干净整洁

要做到仪容干净整洁，重要的是需要长年累月坚持不懈，不厌其烦地进行以下仪容细节的修饰工作。

1. 坚持洗澡、洗头、洗脸

洗澡可以除去身上的尘土、油垢和汗味，并且使人精神焕发。有可能的话要常洗澡，至少也要坚持每星期洗 1 次。在参加重大礼仪活动之前还要加洗 1 次。头发是人体的制高点，因为，人们的发型多有不同，故此，它颇受他人的关注。只有经常坚持洗头，方可确保头发不粘连，不板结，无发屑，无汗馊气味。若脸上常有灰尘、污垢、泪痕或汤渍，难免会让人觉得此人又懒又脏。所以，除了早上起床后、晚上睡觉前洗脸之外，只要有必要、有可能，随时随地都要抽出一点时间洗脸净面（图 5-1）。

图 5-1 洗脸

2. 去除分泌物

首先要清除眼角分泌物——"眼屎"，它给人的印象很不雅，所以，应经常及时地将其清除；戴眼镜者还应注意，眼镜片上的多余物也要及时揩除。其次要注意去除鼻孔分泌物，在外出上班或出席正式活动之前，要检查一下鼻孔内有无鼻涕，若有要及早清除。再次要去除耳朵的分泌物——"耳残"，虽然它不易看到，但却不要忘记对其打扫。最后还要注意去除口部的多余物，这是指口角周围沉积的唾液、飞沫、食物残渣和牙缝间的牙垢，他们看起来让人作呕，必须及时发现，及时清除。

3. 定时剃须

除了具有宗教信仰与风俗习惯者之外，男性不宜蓄留胡须，因为在交际场合"美髯公"并不美，它显得不清洁，还对交往对象不尊重，因此，男性最好每天坚持剃一次胡须，绝对不可以胡子拉碴地工作或会面。此外还要注意经常检查和修剪"鼻毛"，在人际交往中，偶尔有 1~2 根鼻毛黑乎乎地"外出"，是很会破坏他人对自己的看法的。

4. 遮掩或剔除汗毛

因个人生理条件的不同，有个别人手臂上汗毛生长得过浓、过重或过长，特别有碍观瞻，最好采用适当的方法进行脱毛。在他人面前，尤其是在外人或异性面前，腋毛是不应为对方所见的。根据现代人着装的具体情况，女士要特别注意这一点。男士成年后，腿部汗毛大都过重，所以在正式场合不要穿短裤，或者卷起裤管。女士因内分泌失调导致腿部汗毛浓黑茂密时，最好剔除，或者选择深色丝袜遮掩。

5. 保持手脚卫生

在每个人的身上，手是与外界进行直接接触最多的一个部位，它最容易沾染脏东西，所以，必须首先勤洗手，除饭前、便后外，还要在一切应当有必要对其讲究一下卫生的时候。还要常剪手指甲，绝不要留长指甲，因为，它不符合礼仪人员的身份，还会藏污纳垢，给人不讲卫生的印象，所以，要经常剪。手指甲的长度以不长过手指指尖为宜。

在正常情况下，应注意保持脚部卫生。袜子、鞋子要勤洗勤换，脚要每天洗，袜子要每日一换。脚趾甲要勤修剪，去除死趾甲，不应任其藏污纳垢，或者长于脚趾尖。

6. 注意口腔卫生

坚持每天刷牙，消除口腔异味，维护口腔卫生，是非常必要的。在吃完每顿饭以后都要刷 1 次牙，以去除异物异味，切勿用以水漱口和咀嚼口香糖一类无效的方法来替代刷牙。在重要应酬之前，忌食烟、酒、葱、蒜、韭菜、腐乳等气味性重的东西。

7. 保持发部整洁

首先应清洗头发。除了要注意采用正确的方式方法之外，最重要的是要对头发定期清洗，并且坚持不懈。一般认为，每周至少应当对自己的头发清洗 2~3 次。

其次是修剪头发。与清洗头发一样，修剪头发同样需要定期进行，并且持之以恒。在正常情况之下，通常应当每半个月左右修剪 1 次自己的头发。至少，也要确保每个月修剪头发 1 次。否则，自己的头发便难有"秩序"可言（图 5-2）。

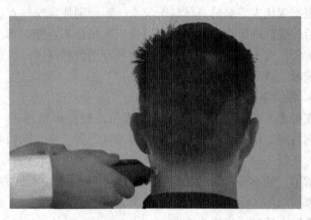

图 5-2　剪发

最后是梳理头发。梳理头发是每天必做之事，而且往往应当不止一次。按照常规，在下述情况下皆应自觉梳理一下自己的头发。一是出门上班前；二是换装上岗前；三是摘下帽子时；四是下班回家时；五是其他必要时。

在梳理自己的头发时，还有三点应予注意：一是梳理头发不宜当众进行。作为私人事务，梳理头发时当然应当避开外人。二是梳理头发不宜直接下手，最好随身携带一把发梳，以便必要时梳理头发之用。不到万不得已，千万不要以手指去代替发梳。三是断发头屑不宜随手乱扔。梳理头发时，难免会产生少许断发、头屑等。信手乱扔，是缺乏教养的表现。

（二）化妆适度

适当化妆是对他人尊重的一种表现。做任何事情都贵在适度，化妆也不例外，过分醉心于美容，化得不堪浓艳，不仅有损于皮肤的健康，而且还有损于别人的观瞻，因此，化妆适度是仪容美的基本要求。

化妆时要认真掌握化妆的方法。化妆大体上应分为打粉底、画眼线、施眼影、描眉形、上腮红、涂唇彩、喷香水等步骤。每个步骤均有一定之法必须认真遵守，讲求化妆的方法。

1. 打粉底

打粉底又叫敷底粉或打底。它是以调整面部皮肤颜色为目的的一种基础化妆。在打粉底时，有四点特别应予注意。一是事先要清洗好面部，并且拍上适量的化妆水、乳液。二是选择粉底霜时，要选择好它的色彩。通常，不同的肤色应选用不同的粉底霜。选用的粉底霜最好与自己的肤色相接近，而不宜使两者反差过大，看起来失真。三是打粉底时一定要借助于海绵，而且要做到取用适量、涂抹细致、薄厚均匀。四是切勿忘记脖颈部位。在那里打上一点儿粉底，才不会使自己面部与颈部"泾渭分明"。

2. 画眼线

这一步骤在化妆时最好不要省掉。它的最大好处，是可以让化妆者的一双眼睛生动而精神，并且更富有光泽。在画眼线时，一般应当把它画得紧贴眼睫毛。具体而言，画上眼线时，应当从内眼角朝外眼角方向画；画下眼线时，则应当从外眼角朝内眼角画，并且在距内眼角约1/3处收笔。应予重点强调的是，在画外眼线时，特别要重视笔法。最好是先粗后细，由浓而淡，要注意避免眼线画得呆板、锐利、曲里拐弯。画完之后的上下眼线，一般在外眼角处不应当交合。上眼线看上去要稍长一些，这样才会使双眼显得大而充满活力。

3. 施眼影

施眼影的主要目的是强化面部的立体感，以凹眼反衬隆鼻，并且使化妆者的双眼显得更为明亮传神。施眼影时，有两大问题应予注意。一是要选对眼影的具体颜色。过分鲜艳的眼影，一般仅适用于晚妆，而不适用于工作妆。对中国人来说，选用浅咖啡色的眼影，往往收效较好。二是要施出眼影的层次之感。施眼影时，最忌没有厚薄深浅之分。若注意使之由浅而深，层次分明，将有助于强化化妆者眼部的轮廓（图5-3）。

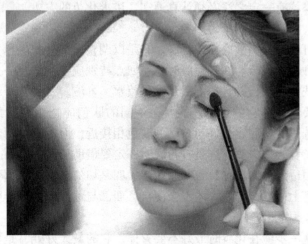

图5-3　施眼影

4. 描眉形

一个人眉毛的浓淡与形状，对其容貌发挥着重要的烘托作用。任何有经验的化妆者，都会将描眉视为其化妆时的重中之重。在描眉时，有四点需要注意。一是先要进行修眉，以专用的镊子拔除那些杂乱无序的眉毛。二是描眉所要描出的整个眉形，必须要兼顾本人的性别、年龄与脸型。三是在具体描眉形时，要对逐根眉毛进行细描，而忌讳一画而过。四是描眉之后应使眉形具有立体之感，所以，在描眉时通常都要在具体手法上注意两头淡，中间浓；上边浅，下边深。

5. 上腮红

上腮红是化妆时在面颊处涂上适量的胭脂。上腮红的好处，是可以使化妆者的面颊更加红润，面部轮廓更加优美，并且显示出其健康与活力。在化工作妆时上腮红，需要注意四条：一是要选择优质的腮红，若其质地不佳，便难有良好的化妆效果。二是要使腮红与唇膏或眼影属于同一色系，以体现妆面的和谐之美。三是要使腮红与面部肤色过渡自然。正确的做法应是，以小刷蘸取腮红，先上在颧骨下方，即高不及眼睛、低不过嘴角、长不到眼长的1/2处，然后才略作延展晕染。四是要扑粉进行定妆。在上好腮红后，即应以定妆粉定妆，以便吸收汗粉、皮脂，并避免脱妆。扑粉时不要用量过多，并且不要忘记在颈部也要扑上一些。

6. 涂唇彩

化妆时，唇部的地位仅次于眼部。涂唇彩，既可改变不理想的唇形，又可使双唇更加娇媚迷人。涂唇膏时的主要注意事项有三点：一是要先以唇线笔描好唇线，确定好理想的唇形。唇线笔的颜色要略深于唇膏的颜色。描唇形时，嘴应自然放松张开，先描上唇，后描下唇。在描唇形时，应从左右两侧分别沿着唇部的轮廓线向中间画。上唇嘴角要描细，下唇嘴角则要略去。二是要涂好唇膏。以唇线笔描好唇形后，才能涂唇膏。选择唇膏时，既可以选彩色，也可以选无色。但要求其安全无害，并要避免选用鲜艳古怪之色。女性一般宜选棕色、橙色或紫色，男性则宜选无色唇膏。涂唇膏时，应从两侧涂向中间，并要使之均匀而又不超出早先以唇线笔画定的唇形。三是要仔细检查。涂毕唇彩后，要用纸巾吸去多余的唇膏，并细心检查一下牙齿上有无唇膏的痕迹。

7. 喷香水

喷香水主要是为了掩饰不雅的体味，而不是为了使自己香气袭人，这一点很重要。喷香水要注意的问题有：一是不应使之影响本职工作，或是有碍于人。二是宜选气味淡雅清新的香水，并应使之与自己同时使用的其他化妆品香型大体上一致，而不是彼此"窜味"。三是切勿使用过量，产生适得其反的效果。四是应当将其喷在或涂抹于适当之处，如腕部、耳后、颌下、膝后等，而千万不要将它直接喷在衣物上、头发上或身上其他易于出汗之处。

8. 化妆礼节

化妆不但要掌握一定的方法，还要掌握化妆的礼节。

化妆的浓淡视时间而定，白天工作场合化淡妆，夜晚化浓妆、淡妆都适宜；不能在公共场所里化妆，在众目睽睽之下化妆是非常失礼的。如有必要化妆或修饰的话，要在卧室或化妆间里去做。工作时间不能化妆，否则，易被他人当做不务正业的人。不允许在同事面前化妆，否则，会引起误会；不要非议他人的化妆。由于民族、肤色和文化修养的差异，每个人的化妆不可能都是一样的；男士化妆应适当，化妆品不宜太多，否则，让人讨厌；不要借用他人的化妆品，这样做既不卫生又不礼貌。

（三）发型美观

发型是构成仪容美的重要内容。美观的发型能给人一种整洁、庄重、洒脱、文雅、活泼的感觉。根据不同人的发质、服装、身材、脸型等选择合适的发型，就可以扬长避短，和谐统一，增加人体的整体美。

1. 发式与发质、服装

一般来说，直而硬的头发容易修剪得整齐，故设计发型时应尽量避免花样复杂，应以修剪技巧为主，做成简单而又高雅大方的发型。例如，梳理成披肩长发，会给人一种飘逸秀美的悬垂美感；用大号发卷梳理成略带波浪的发型或梳成发髻等，会给人一种雍容、典雅的高贵气质。

细而柔软的头发，比较服帖、容易整理成型，可塑性强，适合做小卷曲的波浪式发型，显得蓬松自然；也可以梳成俏丽的短发，能充分体现你的个性美。

在现代美容中，一个人的发式与服装有着十分密切的关系。什么样的服装应当有什么样的发式相配，这样才显得谐调大方。假如一个高贵典雅的发髻配上一套牛仔服系列就显得不伦不类，因此，只有和谐统一才体现美。

2. 发式与身材

身材高大威壮者，应选择显示大方、健康洒脱美的发式，以避免给人大而粗、呆板生硬的印象。高大身材的女士，一般留简单的短发为好，切忌花样复杂。烫发时，不应卷小卷，以免造成与高大身材的不协调。

身材高瘦者，适合留长发型，并且适当增加些发型的装饰性。如若梳卷曲的波浪式发型，会对于高瘦身材更有一定的协调作用。但高瘦身材者不宜盘高发髻，或将头发削剪得太短，以免给人一种更加瘦长的感觉。

身材矮小者，适宜留短发或盘发，因露出脖子可以使身材显得高些，并可以根据自己的喜爱，将发式做得精巧、别致些，追求优美、秀丽。但矮小身材者不宜留长发或粗犷、蓬松的发型，那样会使身材显得更矮。

身材较胖者，适宜梳淡雅舒展、轻盈俏丽的发式，尤其是应注意将整体发势向上，将两侧束紧，使脖子亮出，这样会使人产生视错觉，感觉你瘦些。但若留长波浪，两侧蓬松，则会显得更胖。

另外，如果你的上身比下身长，或上下身等长，发式可选择长发以遮盖其上身；如肩宽臀窄，就应选择披肩发或下部头发蓬松的发式，以发盖肩，分散肩部宽大的视角；若颈部细长，可选择长发的发式，不适宜采用短发式，以免使脖颈显得更长；若颈部短粗，则适宜选择中长发式或短发式，以分散颈粗的感觉。

总之，进行发式选择时，必须根据自己的体型，选择一个与之相称的发型。

3. 发式与脸型

椭圆形脸：任何发式都与它配合，能达到美容效果。但若采用中分头路，左右均衡、顶部略蓬松的发式，会更贴切，以显示脸型之美。

圆脸型：接近于孩童脸，双颊较宽，因此，应选择头前部或顶部略半隆的发式，两侧则要略向后梳，将两颊及两耳稍微留出，这样，既可以在视觉上冲淡脸圆的感觉，又显得端庄大方。圆脸型的人尤其适合梳纵向线条的垂直向下的发型或是盘发，使人显得挺拔而秀气。

长脸型：端庄凝重，但给人一种老成感。因此，应选择优雅可爱的发式来冲淡这种感觉，顶发不宜太丰隆、前额部的头发可适当下倾，两颊部位的头发适当蓬松些，可以留长发，也可以齐耳，发尾要松散流畅，以发型的宽度来缩短脸的视觉长度。若将头发做成自然成型的柔曲状，会更理想。

方脸型：前额较宽，两腮突出，显得脸型短阔。适宜选择自然的大波纹状发式，使整个头发柔和地将脸孔包起来，两颊头发略显蓬松遮住脸的宽部，使人的视觉由线条的圆润冲淡脸部方正直线条的印象。

"由"字形脸：应选择宜表现额角宽度的发型，而中长发型较好。可使顶部的头发梳得松软蓬松些，两颊侧的头发宜向外蓬出以遮住腮，在人的视觉上减弱腮部的宽阔感。

"甲"字形脸：宜选择能遮盖宽前额的发型，一般说两颊及后发应蓬松而饱满，额部稍垂"刘海"，顶部头发不宜丰隆，以遮住过宽的额头。此脸型人适宜将发烫成波浪形的长发。

总之，美丽、整洁的仪容要靠我们的细心装扮。我们只有根据实际情况去有意识地美化自我，才能做到淡妆浓抹总相宜。

二、服饰礼仪

（一）着装礼仪

着装是一个人的身份、气质、内在素质的无言的介绍信，体现着一个人的文化修养和审美情趣。在不同场合，穿着得体会给人留下良好的印象，而穿着不当，则会降低人的身份，损害自身形象。

1. 着装的 TPO 原则

TPO 原则是国际上公认的穿衣原则。T—time，时间；P—place，地点；O—object，目的。TPO 原则，即着装与时间、地点、目的相配的原则。

（1）时间原则。时间涵盖了每一天的早间、日间、晚间等 3 个时间段，也包括每年春、夏、秋、冬 4 个季节的更替以及不同时期、时代。着装时必然要考虑这些不同的时间层面，做到"随时更衣"。

从时间段上说，白天穿的衣服需要面对他人，应当合身、严谨；晚上穿的衣服不为外人所见，可以宽松、随意。从时令上说，夏天要穿通气、凉爽的夏装，穿太多容易出汗，破坏妆容；冬天要穿保暖、御寒的冬装，穿太少，面色发青，嘴唇发乌，甚至本能地缩肩、弓背，毫无美感可言。从时代上说，过分复古、过分逐新都不妥当，例如，在 20 世纪 50—60 年代穿着西装革履、涂脂抹粉，或者在当下穿着满身补丁的老式服装都会遭人侧目。

（2）地点原则。置身在室内或室外，驻足于闹市或乡村，停留在国内或国外，身处于单位或家中，在这些变化不同的地点，着装的款式理当有所不同，切不可以不变应万变。例如，穿泳装出现在海滨、浴场，是人们司空见惯的，但若是穿着它去上班、逛街，则非令人哗然不可。在国内，女子在休闲时可以穿小背心、穿短裙，但她若以这身行头出现在着装保守的阿拉伯国家，则会引起当地人的愤怒和谴责。

在通常情况下，在家中和户外活动中，无论是外出跑步做操，还是在家里盥洗用餐，着装应以方便、随意为宜。比如可以选择运动服、便装、休闲服等，这样会透出几分温馨之感。在办公地点，则应以典雅端庄为基本着装格调。

（3）目的原则。从目的上讲，人们的着装体现着一定的意愿，即对自己留给他人的印象如何，是有一定期待的。着装只适合自己扮演的社会角色，而不讲目的性，在现代社会中是不大可能的。服装的款式在表现服装的目的性方面发挥着一定的作用。自尊，还是傲慢；颓废，还是嚣张等等，俱可由此得知。一个人身着款式庄重的服装前去应聘新职、洽谈业务，说明他很重视此事，渴望成功。而在这类场合，若选择款式暴露、性感的服装，则表示其自视甚高，对职业和事业的重视远远不及其对自身的重视。

根据 TPO 原则，着装时应注意以下两个问题。

①着装应与自身条件相适应：选择服装首先应该与自己的年龄、身份、体形、肤色、性格和谐统一。着装不能脱离自身的高、矮、胖、瘦、肤色等条件。年长者、身份地位高者，选择服装款式不宜太新潮，款式简单而面料质地则应讲究些，才与身份、年龄相吻合。青少年着装则着重体现青春气息，以朴素、整洁为宜，清新、活泼最好。"青春自有三分俏"，若以过分庄重的服饰破坏了青春朝气实在得不偿失。形体条件对服装款式的选择也有很大影响：身材矮胖、颈粗圆脸形者，宜穿深色低"V"形领、大"U"形领套装，浅色高领服装则不适合；而身材瘦长、颈细长、长脸形者宜穿浅色、高领或圆形领服装；方脸形者则宜穿小圆领或双翻领服装；胖人穿竖条纹而不穿横条衣服，瘦且高的人穿上横格衣服就比较美观。身材匀称，形体条件好，肤色也好的人，着装范围则较广，可谓"浓妆淡抹总相宜"。

②着装应与职业、场合、交往目的及对象相协调：

一是着装要与职业相宜 工作时间着装应遵循端庄、整洁、稳重、美观、和谐的原则，能给人以愉悦感和庄重感。从一个单位职业的着装和精神面貌，便能体现这个单位的工作作风和发展前景。现在越来越多的组织、企业、机关、学校开始重视统一着装，是很有积极意义的举措，这不仅给了着装者一分自豪，同时，又多了一分自觉和约束，成为一个组织、一个单位的标志和象征（图 5-4）。

二是着装应与场合相适应 正式社交场合，着装宜庄重大方，不宜过于浮华。参加晚会或喜庆场合，服饰则可明亮、艳丽些。节假日休闲时间着装应随意、轻便些，西装革履则显得拘谨而不适宜。家庭生活中，着休闲装、便装更益于与家人之间沟通

图5-4　某合作社员工统一的着装

感情，营造轻松、愉悦、温馨的氛围。但不能穿睡衣拖鞋到大街上去购物或散步，那是不雅和失礼的。

三是着装应与交往对象、目的相适应　与外宾、少数民族相处，更要特别尊重他们的习俗禁忌。总之，着装的最基本的原则是体现"和谐美"，上下装呼应和谐，饰物与服装色彩相配和谐，与身份、年龄、职业、肤色、体形和谐，与时令、季节环境和谐。

2. 服饰色彩

色彩是服装留给人们记忆最深的印象之一，而且在很大程度上也是服装穿着成败的关键所在。色彩对他人的刺激最快速，最强烈，最深刻，所以被称为"服装之第一可视物"。

（1）不同的色彩象征。一般来讲，不同色彩的服饰在不同的场合所产生的效果是不同的，为此，我们需要对色彩的象征性有一定的了解。

黑色：象征神秘、悲哀、静寂、死亡，或者刚强、坚定、冷峻；

白色：象征纯洁、明亮、朴素、神圣、高雅、恬淡，或者空虚、无望；

黄色：象征炽热、光明、庄严、明丽、希望、高贵、权威；

大红：象征活力、热烈、激情、奔放、喜庆、福禄、爱情、革命；

粉红：象征柔和、温馨、温情；

紫色：象征谦和、平静、沉稳、亲切；

绿色：象征生命、新鲜、青春、新生、自然、朝气；

浅蓝：象征纯洁、清爽、文静、梦幻；

深蓝：象征自信、沉静、平静、深邃；

灰色：是中间色，象征中立、和气、文雅。

（2）选择正确的服装色彩。人们在穿着服装时，在色彩的选择上既要考虑个性、爱好、季节，又要兼顾他人的观感和所处的场合。对一般人而言，在服装的色彩上要想获得成功，最重要的是掌握色彩的特性，色彩的搭配以及正装色彩的选择这 3 个方面。

第一，色彩的特性。色彩具有冷暖、轻重、缩扩等特性。

色彩的冷暖。使人产生温暖、热烈、兴奋之感的色彩为暖色，如红色、黄色，使人有寒冷、抑制、平静之感的色彩叫冷色，如蓝色、黑色、绿色。

色彩的轻重。色彩明暗变化程度，被称为明度。不同明度的色彩往往给人以轻重不同的感觉。色彩越浅，明度越强，它使人有上升之感、轻感。色彩越浅。明度越弱，它使人有下垂之感、重感。人们平日的着装，通常讲究上浅下深。

色彩的缩扩。色彩的波长不同给人收缩或扩张的感觉有所不同。一般来讲，冷色、深色属收缩色，暖色、浅色则为扩张色。

运用到服装上，前者使人苗条，后者使人丰满，两者皆可使人在形体方面避短扬长，运用不当则会在形体上出丑露怯。

第二，色彩的搭配。色彩的搭配主要有统一法、对比法、呼应法。

统一法。即配色时尽量采用同一色系之中各种明度不同的色彩，按照深浅不同的程度搭配，以便创造出和谐感。例如，穿西服按照统一法可以选择这样搭配，如果采用灰色色系，可以由外向内逐渐变浅，深灰色西服——浅灰底花纹的领带——白色衬衫。这种方法使用于工作场合或庄重的社交场合的着装配色。

对比法。即在配色时运用冷色、深色，明暗两种特性相反的色彩进行组合的方法。它可以使着装在色彩上反差强烈，静中求动，突出个性。但有一点要注意，运用对比法时忌讳上下 1/2 对比，否则给人以拦腰一刀的感觉，要找到黄金分割点即身高的1/3 点上（即穿衬衣从上往下第四、第五个扣子之间），这样才有美感。

呼应法。即在配色时，在某些相关部位刻意采用同一色彩，以便使其遥相呼应，产生美感。例如在社交场合穿西服的男士讲究"三一律"。所谓"三一律"就是男士在正式场合时应使公文包、腰带、皮鞋的色彩相同，即为此法的运用。

第三，正装的色彩。非正式场合所穿的便装，色彩上要求不高，往往可以听任自便，而正式场合穿的服装，其色彩却要多加注意。总体上要求正装色彩应当以少为宜，最好将其控制在 3 种色彩之内。这样有助于保持正装保守的总体风格，显得简洁、和谐。正装若超过 3 种色彩则给人以繁杂，低俗之感。正装色彩，一般应为单色、深色并且无图案。最标准的正装色彩是蓝色、灰色、棕色、黑色。衬衣的色彩最佳为白色，皮鞋、袜子、公文包的色彩宜为深色（黑色最为常见）。

此外，肤色也关系到着装的色彩，浅黄色皮肤者，也就是我们所说的皮肤白净的人，对颜色的选择性不那么强，穿什么颜色的衣服都合适，尤其是穿不加配色的黑色衣裤，则会显得更加动人。暗黄或浅褐色皮肤，也就是皮肤较黑的人，要尽量避免穿深色服装，特别是深褐色、黑紫色的服装。一般来说，这类肤色的人选择红色、黄色的服装比较合适。肤色呈病黄或苍白的人，最好不要穿紫红色的服装，以免使其脸色呈现出黄绿色，加重病态感；皮肤黑中透红的人，则应避免穿红、浅绿等颜色的服装，而应穿浅黄、白等颜色的服装。

3. 男士西装的选择与穿着

服装根据适用的场合不同，一般可分为功能与特点都不相同的两大类别。即在正式场合中穿着的礼服、职业装等正式服装和在非正式场合穿着的家居服、休闲服等便装。便装较注重自我感觉，方便、舒适、轻松，而正式服装较注重社会评价、严谨、规范、时宜。在社交场合中，人们更多穿着的是正式服装。

西装是男士最常见的办公服，也是现代交际中男子最得体的着装。

（1）男士西装的选择。

①要选择合适的款式。西装的款式可分为英国、美国、欧洲三大流派。尽管西装在款式上有流派之分，但是各流派之间差异并不很大，只是在后开衩的部位、扣是单排还是双排、领子的宽窄等方面有所不同。不过，在胸围、腰围的胖瘦，肩的宽窄上还是有所变化的。因此，我们在选择西装时，要充分考虑到自己的身高、体形，如身材较胖的人最好不要选择瘦型短西装；身材较矮者也最好不要穿上衣较长、肩较宽的双排扣西装。

②要选择合适的面料和颜色：西装的面料要挺括一些。作正式礼服用的西装可采用深色如黑色、深蓝、深灰等颜色的全毛面料制作。日常穿的西装颜色可以有所变化，面料也可以不必讲究，但必须熨烫挺括。如果穿着皱巴巴的西装，是会损坏自己的

交际形象的。

③要选择合适的衬衣：穿着西装时一定要穿带领的衬衣；花衬衣配单色的西装效果比较好，单色的衬衣配条纹或带格西装比较合适；方格衬衣不应配条纹西装，条纹衬衣也不要配方格西装。

④要选择合适的领带：在交际场合穿西装必须要打领带，领带的颜色、花纹和款式要与所穿的西装相协调。领带的面料以真丝为最优。在领带颜色的选择上，杂色西装应配单色领带，而单色西装则应配花纹领带；驼色西装应配金茶色领带，褐色西装则需配黑色领带等。

（2）男士西装的穿着。

①要穿好衬衣：穿西装必须要穿长袖衬衣，衬衣最好不要过旧，领头一定要硬扎、挺括，外露的部分一定要平整干净。衬衣下摆要掖在裤子里，领子不要翻在西装外（图5-5）。

②要注意内衣不可过多：穿西装切忌穿过多内衣。衬衣内除了背心之外，最好不要再穿其他内衣，如果确实需要穿内衣的话，内衣的领圈和袖口也一定不要露出来。如果天气较冷，衬衣外面还可以穿上一件毛衣或毛背心，但毛衣一定要紧身，不要过于宽松，以免穿上显得过于臃肿，影响穿西装的效果。

③要打好领带：在比较正式的社交场合，穿西装应系好领带。领带有简易打法和复杂打法之分。领带的长度要适当，以达到皮带扣处为宜。如果穿毛衣或毛背心，应将领带下部放在毛衣领口内。系领带时，衬衣的第一个纽扣要扣好，如果佩带领带夹，一般应在衬衣的第四、第五个纽扣之间。

④要鞋袜整齐：穿西装一定要穿皮鞋，而不能穿布鞋或旅游鞋。皮鞋的颜色要与西装相配套。皮鞋还应擦亮，不要蒙满灰尘。穿皮鞋还要配上合适的袜子，袜子的颜色要比西装稍深一些。使它在皮鞋与西装之间显示一种过渡。

图5-5 西装的穿着

⑤要扣好扣子：西装上衣可以敞开穿，但双排扣西装上衣一般不要敞开穿。在扣西装扣子时，如果穿的是两个扣子的西装，不要把2个扣子都扣上，一般只扣1个。如果是3个扣子只扣中间1个。西装裤兜内不宜放沉东西。

4. 女士服装的穿着

女士服装应讲究配套，款式较简洁，色彩较单纯，以充分表现出女士的精明强干，落落大方。

（1）女士西装。女士西装式样较多，它的领型就有西装"V"字领、青果领、披肩领等；款式有单排扣、双排扣；衣长也有变化，或短至齐腰处，或长至大腿；造型上有宽松的、束腰的，还可有各种图案的镶拼组合。女士西装有衣裤相配的套装，也有衣裙相配的套裙。在社交场合无论西服套装或西服套裙款式都宜简洁大方，避免过分的花哨和夸张（图5-6）。

图5-6　女士西装

女士西服套装给人以精明干练，富有权威的感觉，显得比较严肃，更适合成熟的女士或职位较高的女领导工作时穿用。而西服套装则成为社交中女士普遍适用的服装。

西服套裙的上装是西装，下装是腰裙，如西装裙、喇叭裙、百褶裙等。交际中西服套裙的面料应是高档面料，如夏季用丝绸，华贵柔美；春秋用各类毛料，考究挺括；冬季用羊绒或毛呢织物，高贵典雅。西服套裙的色彩应呈中性，也可偏暗，一色的面料适宜，各种条子、格子、点子面料也常用。西服套裙上下一色显得端庄，有成熟感；色彩上浅下深或上深下浅，式样上简下繁或上繁下简，花色或上轻下杂或上杂下轻，可以搭配出动感和活力，适合女士在不同场合穿出不同的风貌。

（2）女士连衣裙。连衣裙是上衣和裙子的结合体，它不但能尽显女士特有的恬静和妩媚，而且穿着便捷、舒适。连衣裙也可与西装外套等组合搭配，提高服装的使用率。连衣裙的造型丰富多彩，有前开襟、后开襟、全开襟和半开襟的；有紧身的、宽松的、喇叭形、三角形、倒三角形的；有无领的、有领的；有方领的、尖领的、圆领的；有超短的、过膝的、拖地的等各种连衣裙，他们为各种身材的女士在不同场合提供了大量的选材。

穿着连衣裙时应以个人爱好、流行时尚而定，但交际场合时连衣裙还应以大方典雅为宜。单色连衣裙在大多数场合效果都很好，点、条、格等面料的连衣裙图案也要力求简洁。穿连衣裙要注意避免：一是受时髦潮流的影响，太流行或趋于怪异，变得俗不可耐或荒诞不经。二是不顾及环境，而穿着过低的领口，过紧的衣裙，过透的面料，使人感到极不雅观。

（二）配饰礼仪

配饰是指人们在着装的同时所选用、佩戴的装饰性物品。饰物的佩带要注意与个人的风格、服装的质地与整体形象等相一致。

1. 帽子与围巾

帽子可以遮阳，可以御寒，同时，也给人的仪表增添各种不同的情趣美。帽子种类有许多中，法式帽、西班牙式帽、宽檐帽、鸭舌帽、滑雪帽、水手帽、棒球帽等，帽子要注意与发型、脸型及服装的式样、颜色相配，还要注意与围巾相呼应。

单单一条围巾也可为服装增添色彩，如一条丝巾的随意变化，或围在肩上，或挂在脖子上下垂，或在头上改变发型都会起到意想不到的效果。冬季的一条长围巾披在一边的肩膀上，也会有意想不到的美感。

2. 眼镜

眼镜不仅是实用的日常用品，也可以看成是"眼睛的服饰"，眼镜的选择要适合人的脸型。正方形脸可选用稍圆或有弧度的镜片，这样可与方型脸互补，镜框顶端的位置必须突起凸起，远远高于下巴；长方形脸由于脸型过长，镜框必须尽可能遮住脸部中央以修短脸型，因此，适合佩戴镜框较大的眼镜；圆形脸为减弱圆形的感觉，可选择有直线或有角度的镜框，黑色、咖啡色等较深色系也有改变脸型的效果；三角形脸由于前额宽、脸颊较尖，选择有细边和垂直线的镜框以平衡脸的下方，镜框不宜太高，过粗的鼻桥及深色、方形眼镜皆不合适。此外，个性也是考虑因素之一：较大鼻子要选择较大镜框来平衡；较小鼻子要戴浅色和较高鼻梁的眼镜，可使鼻子看起来较长。

3. 包

无论是男士的公文包和女士的坤包都应与所穿服装相协调，要保持包的清洁和美观。如果包中没有分隔夹层的话，可用几个小带子将皮包分类。如女士的皮包中可放一些化妆品、钱、钥匙、纸巾、笔等用品，可将其分类装入不同的小袋，一面找东西乱翻一通或需把东西全倒出来才能找到，这样既破坏美感又浪费时间。正式社交场合，皮包最好拿在手上，而不是背在肩上。

4. 鞋

社交中男士的鞋一般都是皮鞋，穿民族服装和中山装也可以穿布鞋。男士的皮鞋以黑色最为通用，样子以保守一点为宜。女士的皮鞋一般为敞口鞋或冬季的短靴，布鞋、凉鞋或长筒马靴一般不适用于正式社交场合及办公场所。女士鞋的颜色也以黑色为通用，也可与服装颜色协调一致。皮鞋要求线条简洁，无过多的装饰和亮物。女士穿高跟鞋的高度一般以 3~4cm 为宜，最高不超过 6cm 为限，此外，高跟鞋的鞋跟也不可太细，以免发生危险。

5. 袜子

社交中，男士的袜子应是深色的，最好是服装与鞋的过渡色。有的人在穿西装时穿白袜子，破坏了整体的稳重感，把人的视线吸引到了脚上，一双袜子破坏了精心设计的整体美。女士穿西服套装时的袜子也是同样的道理。那时穿裙子时最好穿连裤长袜。它比较适合各种款式的裙子，尤其是在穿一步裙、中间或两旁开衩的裙子时，以免穿半截袜大腿露出不雅。即使穿长筒袜，也要用吊袜带以免袜子松松垮垮或滑下。长袜以肉皮色系列最为通用。尽量穿有透明感的长袜，除非冬季穿很厚的衣裙、大衣时才可以厚实一点。

6. 首饰

对于服饰而言，首饰起着辅助、烘托、陪衬、美化的作用。从审美的角度来看，它与服装、化妆，一道被列为人们用以装饰、美化自身的三大方法之一。较之于服装，它常常发挥画龙点睛的作用。

在使用首饰时宁肯不用也不要乱用，所以，使用首饰要注意讲究规则：在数量上以少为佳，下限是零，上限是3件，必要时可以1件首饰也不戴，若有意同时戴多种时，在数量上不要超过3种，除耳环、手镯外，同类首饰不要超过1件，否则会给人凌乱之感，因此，首饰要力求简单。

在色彩上要力求同色，若同时佩戴2件或2件以上的首饰时，应使其色彩一致，戴镶嵌首饰时应使其与主色调保持一致。千万不要使所戴的几种首饰色彩斑斓，同时，还要注意首饰的色彩与服装的色彩协调。

在身份上要服从本人的身份，与自己的性别、年龄、职业、工作环境保持大体一致，而不宜使之相去甚远。如有的行业不让戴首饰，像医务工作者、宾馆服务员、厨师，这是由于行业特点决定的，该行业的人员应无条件地遵守。

在体形上要使首饰为自己的体形扬长避短。选择首饰时应充分正视自己的形体特点。如脖子长的人适合戴短、粗的项链，脖子短的人适合戴细、长的项链，而手掌大、手指粗的人不宜戴过大或过小的戒指；而手指短粗的人适合戴线条流畅的戒指，应避免戴方戒指或大嵌宝石。手掌与手指偏小的人不适合戴大戒指，而适合戴小巧玲珑的小型戒指或小钻戒，可令手指秀丽可爱。

在佩戴方法上，女士也应注意：戒指带在不同的手指上有不同的寓意，戴在食指上表示自己还没有男朋友，戴在中指上表示自己还在热恋，戴在无名指上表示已婚，戴在小指上表示主观上自愿独身。

项链的粗细应与脖子的粗细成正比，与脖子的长短成反比。从长度上分，项链可分为四种：短项链约 40cm，适合搭配低领上衣；中长项链约 50cm，可广泛使用；长项链约 60cm，适合在社交场合使用；特长项链约 70cm，适合用于隆重的社交场合。

耳环可分为耳环、耳坠、耳链，在一般情况下为女性所用，并且讲究成对使用。戴耳环时应兼顾脸型，不要选择与脸型相似的形状，以防同型相斥，使脸型方面的短处被强调夸大。

胸针要注意别的部位，穿西服应别在左侧领上，穿无领上衣时应别在左侧胸前。发型偏左时胸针应当居右，发行偏右时胸针应当偏左，其高度应从上往下数第一粒、第二粒纽扣之间。

关于服饰，我们已经讲了许多。在具体的商务服装选配上，专家建议的如下方案值得我们参考，见下表所示。

表　商务服装选配方案

	女	男	男女适用
西服套装	黑、灰色	普通蓝、蓝色带细暗纹	深蓝、深灰、灰

（续表）

	女	男	男女适用
长袖衬衣	浅粉5件衬衣	细条纹5~8件衬衣	白、浅蓝（纯白）
裤子	哗叽色	藏青色	黑灰、深灰
西服、外套、上衣	黑	深蓝	
鞋	蓝	深棕	黑色、与裙子、裤子同色或类似
腰带	蓝	黑	黑、与皮鞋同色
皮箱、手提文件箱			深棕或黑
领带		酱红色、蓝、深蓝、深灰、可带白、黄、银黄等简单花纹或者纯色	
手表	镶钻超薄	不易磨损钨金	表盘薄、皮带或银白、金色金属带
风衣、大衣			哗叽、布或毛与化纤合成

三、表情礼仪

表情是面部表情的简称。表情是人的思想感情的外露，在人与人之间的感情沟通上占有重要的地位。表情主要体现在眼神的运用和微笑的展示上。

（一）眼神

俗话说："眼睛是心灵的窗户"，它是人体传递信息最有效的器官，而且能表达最细微、最精妙的差异，显示出人类最明显、最准确的交际信号。正如著名印度诗人泰戈尔所说："在眼睛里，思想敞开或是关闭，放出光芒或是没入黑暗，静悬着如同落月，或者像忽闪的电光照亮了广阔的天空。那些自有生以来除了嘴唇的颤动之外没有语言的人，学会了眼睛的语言，这在表情上是无穷无尽的，像海一般的深沉，天空一般的清澈，黎明和黄昏，光明与阴影，都在自由嬉戏。"据研究，在人的视觉、听觉、味觉、嗅觉和触觉感受中，唯独视觉感受最为敏感，人由视觉感受的信息占总信息的 83%。在汉语中用来描述眉目表情的成语就有几十个，如"眉飞色舞""眉目传情""愁眉不展""暗送秋波""眉开眼笑""瞠目结舌""怒目而视"……这些成语都是通过眼语来反映人们的喜、怒、哀、乐等情感的，人的七情六欲都能从眼睛这个神秘的器官内显现出来。

眼神主要由注视的时间、视线的位置和瞳孔的变化等 3 个方面组成。

1. 注视的时间

据有人调查研究，人们在交谈时，视线接触对方脸部的时间约占全部谈话时间的 30%~60%，超过这一平均值，可认为对谈话者本人比谈话内容更感兴趣；低于平均值，则表示对谈话内容和谈话者本人都不怎么感兴趣。不难想象，如果谈话时心不在焉、东张西望，或只是由于紧张、羞怯不敢正视对方，目光注视的时间不到谈话的 1/3，这样的谈话，必然难以被人接受和信任。当然，必须考虑到文化背景，如南欧人注视对方可能会造成冒犯。

2. 视线的位置

人们在社会交往中，不同的场合和对象，目光所及之处也是有差别的。有的人在与比较陌生的人打交道时，往往因为不知把目光怎样安置而窘迫不安；已被人注视而将视线移开的人，大多怀有相形见绌之感；仰视对方，一般体现"尊敬、信任"的语义；频繁而又急速的转眼，是一种反常的举动，常被用作掩饰的一种手段。当然，如果死死地盯着对方或者东张西望，不仅是极不礼貌，而且，也显得漫不经心。

3. 瞳孔的变化

瞳孔的变化即视觉接触时瞳孔的放大或缩小。心理学家往往用瞳孔变化大小的规律，来测定一个人对不同的事物的兴趣、爱好、动机等。兴奋时，人的瞳孔会扩张到平常的 4 倍大；相反，生气或悲哀时，消极的心情会使瞳孔收缩到很小，眼神必然无光。所谓"脉脉含情""怒目而视"等都多与瞳孔的变化有关。所以，古时候的珠宝商人已注意到这种现象，他们能窥视顾客的瞳孔变化而猜测对方是否对珠宝感兴趣，从而决定是抬高价钱还是跌价。

在社交过程中，与朋友会面或被介绍认识时，可凝视对方稍久一些，这即表示自信，也表示对对方的尊重。双方交谈时，应注视对方的眼鼻之间，表示重视对方及对其发言感兴趣。当双方缄默不语时，就不要再看着对方，以免加剧因无话题本来就显得冷漠、不安的尴尬局面。当别人说了错话或显拘谨时，务请马上转移视线，以免对方把自己的眼光误认为是对其的嘲笑和讽刺。如果你希望在争辩中获胜，那就千万不要移开目光，直到对方眼神转移为止。送客时，要等客人走出一段路，不再回头张望时，才能转移目送客人的视线，以示尊重。

在谈判中也很讲究眼神的运用。一方让眼镜滑落到鼻尖上，眼睛从眼睛上面的缝隙中窥探，就是对对方鄙视和不敬的情感表露；另一方在不停地转眼珠，就要提防其在打什么新主意。双目生辉、炯炯有神，是心情愉快、充满信心的反映，在谈判中持这种眼神有助于取得对方的信任和合作。相反，双眉紧锁、目光无神或不感正视对方，都会被对方认为无能，可能导致对自己的不利结果。

眼神还可传递其他信息，已被人注视而将视线移开的人，大多怀着相形见绌之感，有很强的自卑感。无法将视线集中在对方身上或很快收回视线的人。多半属于内向型性格。仰视对方，表示怀有尊敬、信任之意；俯视对方表示有意保持自己的尊严。频繁而急速的转眼，是一种反常的举动，常被用做掩饰的一种手段，或内疚，或恐惧，或撒谎，需据情况作出判断。视线活动多且有规则，表明其在用心思考。听别人讲话，一面点头，一面却不将视线集中在谈话人身上，表明其对此话题不感兴趣。说话时对方将视线集中在你身上的人，表明他渴望得到你的理解和支持。游离不定的目光传递出来的信息是心神不宁或心不在焉。

眼神表达出异常丰富的信息，但微妙的眼神有时是只可意会，难以言传，只能靠我们在社会实践中用心体察、积累经验、努力把握，方能在社交中灵活运用眼神。

（二）微笑

微笑，是一种特殊的语言——"情绪语言"。它可以和有声语言及行动相配合，起"互补"作用，沟通人们的心灵，架起友谊的桥梁，给人以美好的享受。工作、生活中离不开微笑，社交中更需要微笑（图 5-7）。

图 5-7　微笑

微笑是世界通用的体态语，它超越了各种民族和文化的差异。微笑是人人都喜爱的体态语，正因为如此，无论是个人和组织，都充分重视微笑及其作用。

微笑是有规范的，一般要注意 4 个结合。

（1）口眼结合。要口到、眼到、神色到，笑眼传神，微笑才能扣人心弦。

（2）笑与神、情、气质相结合。这里讲的"神"，就是要笑得有情入神，笑出自己的神情、神色、神态，做到情绪饱满，神采奕奕；"情"，就是要笑出感情，笑得亲切、甜美，反映美好的心灵；"气质"就是要笑出谦逊、稳重、大方、得体的良好气质。

（3）笑与语言相结合。语言和微笑都是传播信息的重要符号，只有注意微笑与美好语言相结合，声情并茂，相得益彰，微笑方能发挥出它应有的特殊功能。

（4）笑与仪表、举止相结合。以笑助姿、以笑促姿，形成完整、统一、和谐的美。

尽管微笑有其独特的魅力和作用，但若不是发自内心的真诚的微笑，那将是对微笑语的亵渎。有礼貌的微笑应是自然的坦诚，内心真实情感的表露。否则强颜欢笑，假意奉承，那样的"微笑"则可能演变为"皮笑肉不笑""苦笑"。比如，拉起嘴角一端微笑，使人感到虚伪；吸着鼻子冷笑，使人感到阴沉；捂着嘴笑，给人以不自然之感。这些都是失礼之举。

总之，在交际活动中，每个人的举止、动作、表情，均与个人的教养、风度有关，优雅的举止仪态能显示出你卓越的礼仪修养，从而给交往对象留下良好的印象。

四、举止礼仪

举止是指人的肢体所呈现出的各种体态及其变动的行为动作，

如日常生活中的站、坐、走、蹲等姿态。评价某个人的行为是优雅还是粗俗，实际上就是评论其行为举止是否符合礼仪的要求。

（一）站姿

站姿是静态的造型动作，是其他动态美的起点和基础。古人主张"站如松"，这说明良好的站立姿势应给人一种挺、直、高的感觉（图5-8）。

图5-8 良好的站姿

1. 站姿的基本要领

（1）两脚跟相靠，脚尖展开呈45°~60°，身体重心主要支撑于脚掌、脚弓之上。

（2）两腿并拢直立，腿部肌肉收紧，大腿内侧夹紧，髋部上提。

（3）腹肌、臀大肌略微收缩并向上提，臀部和腹部前后相

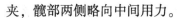

夹，髋部两侧略向中间用力。

（4）脊柱、后背挺直，胸略向前上方提起。

（5）两肩放松下沉，气沉于胸腹之间，自然呼吸。

（6）两手臂放松，自然下垂于体侧。

（7）脖颈挺直，头向上顶。

（8）下颌微收，双目平视前方。

2. 几种不同的站姿

根据场合的不同，在基本站姿的基础上可以变化出：前搭手站姿、后搭手站姿和持物站姿等不同姿态。

（1）前搭手站姿。两脚尖展开，左脚脚跟靠近右脚中部，重心平均置于两脚上，也可置于一只脚上，通过重心的转移可减轻疲劳，双手置于腹前。

（2）后搭手站姿。两脚平行开立，脚尖展开，挺胸立腰，下颌微收，双目平视，两手在身后相搭，贴在臀部。

（3）持物站姿。身体立直，挺胸抬头，下颌微收，提髋立腰，吸腹收臀，双目平视，两脚分开，手持公文包等物件。

站立时，既要遵守规范，又要避免僵硬，所以，站立时要注意肌肉张弛的协调性。强调挺胸立腰，但两肩和手臂的肌肉不能太紧张，要适当放松，气下沉至胸腹之间，呼吸要自然。另外，要以基本站姿为基础，善于适时地变换姿态，追求动态美。同时，站立时要面带微笑，使规范的站立姿态与微笑相结合。训练站姿可以在室内靠墙站立，脚跟、小腿、臀、双肩、后脑勺都紧贴着墙，每次坚持15分钟左右，养成习惯；如果站立过久，可以将左脚或右脚交替后撤一步，但上身仍须挺直，伸出的脚不可伸得太远，双腿不可叉开过大，变换也不能过于频繁。

3. 服务人员站姿

（1）正规站姿。正确的礼仪站姿是抬头、目视前方、挺胸立腰、肩平、双臂自然下垂、收腹、双腿并拢直立、脚尖分呈 V

字形、身体重心放到两脚中间；也可两脚分开，比肩略窄，将双手合起，放在腹前或背后。

（2）背手站姿。即双手在身后交叉，右手放在左手外面，贴在两臀中间。两脚可分可并，分开时，不超过肩宽，脚尖展开，两脚夹角成 60°，挺胸立腰，收颌收腹，双目平视。

（3）叉手站姿。即两手在腹前交叉，右手搭在左手上直立。这种站姿，男子可以两脚分开，距离不超过 20cm。女子可以用小丁字步。即一脚稍微向前，脚跟靠在另一脚内侧。

（4）背垂手站姿。即一手背在后面，贴在臀部，另一手自然下垂，手指自然弯曲，中指对准裤缝。两脚可以并拢也可以分开，也可以成小丁字步。这种站姿，男士多用，显得大方、自然、洒脱。

4. 不正确的站姿

（1）弯腰驼背。这是一个人身躯歪斜的一种特殊表现。在站立时，一个人如果弯腰驼背，除了腰部弯曲、背部弓起之外，通常还会同时伴有颈部弯缩、胸部凹陷、腹部凸出、臀部撅起等一些其他的不良体态。它使人显得缺乏锻炼、无精打采，甚至健康不佳。

（2）手位不当。站立的时候，必须注意以正确的手位去配合站姿。在站立时手位不当，会破坏站姿的整体效果，例如，一是双手抱在脑后；二是用手托着下巴；三是双手抱在胸前；四是把肘部支在某处；五是双手叉腰；六是将手插在衣服或裤子口袋里。

（3）脚位不当。在正常情况下，"V"字步、"丁"字步或平行步均可采用，但要避免"八"字步和"蹬踩式"。"八"字步即俗称的"内八字"；"蹬踩式"指的是在一只脚站在地上的同时，把另一只脚踩在鞋帮上，或是踏在其他物体上。

（4）半坐半立。在正式场合，必须注意坐立有别，该站的时候就要站，该坐的时候就要坐。在站立之际，绝不可以为了贪图舒服而擅自采用半坐半立之姿。当一个人半坐半立时，不但样子不好看，而且还会显得过分随便。

（5）身体歪斜。古人曾对站姿提出过"立如松"的基本要求。所以，站立时不能歪歪斜斜。若身躯明显地歪斜，如头偏、肩斜、腿曲、身歪，或是膝部不直，不但直接破坏了人体的线条美，而且还会使自己显得颓废消沉、萎靡不振或自由散漫。

站立是人体最基本的也是最重要的姿态，不良的站姿会影响体内血液循环，可能会压迫内脏，导致消化不良，可导致胃、肺机能变差。表现在形体上，会造成驼背、垂胸、下腹肥胖等情况；表现在外貌上，会出现眼睛模糊无神、皮肤暗淡无光。

（二）坐姿

坐姿与站姿同属一种静态造型。正确规范的坐姿要求端庄而优美，给人以文雅、稳重、自然大方的美感。坐是举止的主要内容之一，无论是伏案学习、参加会议，还是会客交谈、娱乐休息，都离不开坐。坐，作为一种举止，有着美与丑、优雅与粗俗之分。坐姿要求"坐如钟"，指人的坐姿像座钟般端直，当然这里的端直是指上体的端直。优美的坐姿让人觉得安详、舒适、端正、舒展大方。

1. 标准的坐姿

（1）入座时要轻、稳、缓。走到座位前，转身后轻稳地坐下。女子入座时，若是裙装，应用手将裙子稍稍拢一下，不要坐下后再拉拽衣裙，这样不优雅。正式场合一般从椅子的左边入座，离座时也要从椅子左边离开，这是一种礼貌。女士入座尤要娴雅、文静、柔美。如果椅子位置不合适，需要挪动椅子的位置，应当先把椅子移至欲就座处，然后入座。而坐在椅子上移动位置，是有违社交礼仪的。

（2）神态从容自如，即嘴唇微闭，下颌微收，面容平和自然。

（3）双肩平正放松，两臂自然弯曲放在腿上，亦可放在椅子或是沙发扶手上，以自然得体为宜，掌心向下。

（4）坐在椅子上，要立腰、挺胸，上体自然挺直。

（5）双膝自然并拢，双腿正放或侧放，双脚并拢或交叠或成小"V"字形。男士两膝间可分开一拳左右的距离，脚态可取小八字或稍分开以显自然洒脱之美，但不可尽情打开腿脚，那样会显得粗俗和傲慢。

（6）在正式场合或与上级谈话时，"不满坐是谦虚"，一般不要坐满整张椅子，更不能舒舒服服地靠在椅背上。正确的做法是坐满椅子的2/3处，宽座沙发则至少坐1/2。落座后至少10分钟左右时间不要靠椅背。时间久了，可轻靠椅背。要背部挺直，身体稍向前倾，以表示尊重和谦虚（图5-9）。

图 5-9　正确的坐姿

（7）谈话时应根据交谈者方位，将上体双膝侧转向交谈者，上身仍保持挺直，不要出现自卑、恭维、讨好的姿态。讲究礼仪要尊重别人，但不能失去自尊。

（8）离座时要自然稳当，右脚向后收半步，而后站起。

2．常用坐姿

（1）正襟危坐式是最基本的坐姿，适用于最正规的场合。要求上身与大腿、大腿与小腿、小腿与地面都应当成直角。双膝双脚完全并拢。

（2）垂腿开膝式多为男性所使用，也较为正规。要求上身与大腿、大腿与小腿皆成直角，小腿垂直地面。双膝分开，但不得超过肩宽。

（3）双腿叠放式它适合穿短裙子的女士采用（或处于身份地位高时的场合），造型极为优雅，有一种大方高贵之感。要求将双腿完全地一上一下交叠在一起，交叠后的两腿之间没有任何缝隙，犹如一条直线。双腿斜放于左右一侧，斜放后的腿部与地面呈45°，叠放在上的脚尖垂向地面。

（4）双腿斜放式适用于穿裙子的女性在较低处就座使用。要求双膝先并拢，然后双脚向左或向右斜放，力求使斜放后的腿部与地面呈45°。

（5）双脚交叉式它适用于各种场合。男女皆可选用。要求双膝先要并拢，然后双脚在踝部交叉。交叉后的双脚可以内收，也可以斜放。但不宜向前方远远直伸出去。

（6）双脚内收式适合一般场合采用，男女皆宜。要求两大腿首先并拢，双膝略打开，两条小腿分开后向内侧屈回。

（7）前伸后屈式这是女性适用的一种优美坐姿。要求大腿并紧之后，向前伸出一条腿。并将另一条腿屈后，两脚脚掌着地，双脚前后要保持在同一条直线上。

（8）大腿叠放式多适合男性在非正式场合采用。要求两条腿在大腿部分叠放在一起，叠放之后位于下方的一条腿垂直于地面，脚掌着地，位于上方的另一条腿的小腿则向内收，同时脚尖向下。

3. 错误坐姿

（1）脚跟触及地面通常不允许坐后仅以脚跟触地，而将脚尖跷起。

（2）随意架腿坐下之后架起腿来未必不可，但正确的做法应当是两条大腿相架，并且不留空隙。如果架起"二郎腿"来，即把一条小腿架在另外一条大腿上，并且大大地留有空隙，就不妥当了。

（3）腿部抖动摇晃在别人面前就座时，切勿反复抖动或是摇晃自己的腿部，免得别人心烦意乱，或者给人以不够安稳的感觉。

（4）双腿直伸出去在坐下之后不要把双腿直挺挺地伸向前方。身前有桌子的话，则要避免把双腿伸到其外面来。不然不但损害坐姿的美感，而且还会有碍于他人。

（5）腿部高跷蹬踩为了贪图舒适，将腿部高高跷起，架上、蹬上、踩踏身边的桌椅，或者盘在本人所坐的坐椅上，都是不妥的。

（6）脚尖指向他人 坐后一定要使自己的脚尖避免直指别人，跷脚之时，尤其忌讳这一动作。令脚尖垂向地面，或斜向左右两侧，才是得体的。

（7）双腿过度叉开面对别人时，双腿过度地叉开，是极不文明的。不管是过度地叉开大腿，还是过度地叉开小腿，都是失礼的表现。

（三）走姿

走是我们在生活中最常见的动作。走姿又称行姿、步态。走姿要求"行如风"，是指人行走时，如风行水上，有一种轻快自然的美。

人们走路的样子千姿百态，各不相同，给人的感觉也有很大的差别。有的步伐矫健、轻松灵活、富有弹性，令人精神振奋；有的步伐稳健、端庄、自然、大方。给人以沉着、庄重、斯文之感；有的步伐雄壮、铿锵有力，给人以英武、勇敢、无畏的印象；有的步伐轻盈、敏捷，给人以轻巧、欢愉、柔和之感。但也有的人不重视步态美，行路时弯腰驼背、低头无神、步履蹒跚，给人以倦怠、老态龙钟的感觉；还有的摇着八字脚，晃着"八字步"，这些走姿都非常难看。

1. 走姿的基本要领

（1）行走时，上身应保持挺拔的身姿，双肩保持平稳，双臂自然摆动，幅度以手臂距离身体 30~40cm 为宜（图 5-10）。

图 5-10　正确的走姿

（2）大腿带动小腿，脚跟先着地，保持步态平稳。

（3）步伐均匀、节奏流畅，显得精神饱满、神采奕奕。

（4）步幅的大小应根据身高、着装与场合的不同而有所调整。

（5）女性在穿裙装、旗袍或高跟鞋时，步幅应小一些；相反，穿休闲长裤时步伐就可以大一些，凸显穿着者的靓丽与活泼。女性在穿高跟鞋时尤其要注意膝关节的挺直，否则，会给人"登山步"的感觉，有失美观。

2. 服务人员走姿的基本要求

服务人员应当掌握的走姿的基本要点是：身体协调，姿势优美，步伐从容，步态平稳，步幅适中，步速均匀，走成直线。服务人员的走姿，应当特别关注下述 6 个主要环节。

（1）方向明确在行走时，必须保持明确的行进方向，尽可能地使自己犹如在一条直线之上行走。

（2）步幅适度男子每步约 40cm，女子每步约 36cm。与此同时，步子的大小，还应当大体保持一致。

（3）速度均匀在正常情况下，服务人员在每分钟之内走上 60~100 步都是比较正常的。

（4）重心放准起步之时，身体须向前微倾，身体的重量要落在前脚掌上。在行进的整个过程之中，应注意使自己身体的重心随着脚步的移动不断地向前过渡，切勿让身体的重心停留在自己的后脚上。

（5）身体协调走动时要以脚跟首先着地，膝盖在脚部落地时应当伸直，腰部要成为重心移动的轴线，双臂要在身体两侧一前一后地自然摆动。

（6）造型优美要使自己在行进之中保持优美的身体造型，就一定要做到昂首挺胸，步伐轻松而矫健。其中，最为重要的是，行走时应面对前方，两眼平视，挺胸收腹，直起腰、背，伸直腿部，使自己的全身从正面看上去犹如一条直线一般。

3. 禁忌的走姿

常见的不正确走姿，主要有以下 10 种。

（1）低头看脚尖：会给人以心事重重、萎靡不振的感觉。

（2）拖脚走：会被理解为未老先衰，暮气沉沉。

（3）跳着走：易被误解为心浮气躁。

（4）走"内八字"或"外八字"。

（5）摇头晃脑，晃臂扭腰；左顾右盼，瞻前顾后：会被误解，特别是在公共场合很易给自己招来麻烦。

（6）走路时大半个身子前倾：动作不美，又损健康。

（7）行走时与其他人相距过近，与他人发生身体碰撞。

（8）行走时尾随他人，甚至对其窥视、围观或指指点点：此举会被视为"侵犯人权"或"人身侮辱"。

（9）行走时速度过快或过慢，以致对周围人造成一定的不良影响。

（10）边行走，边吃喝。

（四）蹲姿

蹲姿在工作和生活中用得相对不多，但最容易出错。人们在拿取低处的物品或拾起落在地上的东西时，不妨使用下蹲和屈膝的动作，这样可以避免弯曲上身和撅起臀部，尤其是着裙装的女士下蹲时，稍不注意就会露出内衣，很不雅观。

1. 基本蹲姿要求

（1）下蹲拾物时，应自然、得体、大方，不遮遮掩掩。

（2）下蹲时，两腿合力支撑身体，避免滑倒。

（3）下蹲时，应使头、胸、膝关节在一个角度上，使蹲姿优美。

（4）女士无论采用哪种蹲姿，都要将腿靠紧，臀部向下（图5-11）。

2. 蹲姿方式

（1）高低式蹲姿。男性在选用这一方式时往往更为方便，

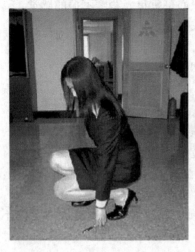

图 5-11　正确的蹲姿

女士也可选用这种蹲姿。

　　这种蹲姿的要求是：下蹲时，双腿不并排在一起，而是一脚在前，另一脚稍后。以右脚在前为例，右脚应完全着地，小腿基本上垂直于地面；左脚则应脚掌着地，脚跟提起。此刻左膝低于右膝，左膝内侧可靠于右小腿的内侧，形成右膝高左膝低的姿态。臀部向下，基本上用右腿支撑身体。

　　（2）交叉式蹲姿。交叉式蹲姿通常适用于女性，尤其是穿短裙的人员，它的特点是造型优美典雅。基本特征是蹲下后以腿交叉在一起。

　　这种蹲姿的要求是：下蹲时，右脚在前，左脚在后，右小腿垂直于地面，全脚着地右腿在上，左腿在下，两者交叉重叠；左膝由后下方伸向右侧，左脚跟抬起，并且脚掌着地；两脚前后靠近，合力支撑身体；上身略向前倾，臀部朝下。

　　（3）半蹲式蹲姿。一般是在行走时临时采用。它的正式程度不及前两种蹲姿，但在需要应急时也采用。基本特征是身体半立半蹲。主要要求在下蹲时，上身稍许弯下，但不要和下肢构成直角或锐角；臀部务必向下，而不是撅起；双膝略为弯曲，角度一般为钝角；身体的重心应放在一条腿上；两腿之间不要分开过大。

（4）半跪式蹲姿。半跪式蹲姿又称为单跪式蹲姿。它也是一种非正式蹲姿，多用在下蹲时间较长，或为了用力方便时。双腿一蹲一跪。主要要求在下蹲后，改为一腿单膝点地，臀部坐在脚跟上，以脚尖着地。另外一条腿，应当全脚着地，小腿垂直于地面。双膝应同时向外，双腿应尽力靠拢。

3. 蹲姿注意事项

（1）不要突然下蹲。蹲下来的时候，不要速度过快。当自己在行进中需要下蹲时，要特别注意这一点。

（2）不要离人太近。在下蹲时，应和身边的人保持一定距离。和他人同时下蹲时，更不能忽略双方的距离，以防彼此"迎头相撞"或发生其他误会。

（3）不要方位失当。在他人身边下蹲时，最好是和他人侧身相向。正面他人，或者背对他人下蹲，通常都是不礼貌的。

（4）不要毫无遮掩。在大庭广众面前，尤其是身着裙装的女士，一定要避免下身毫无遮掩的情况，特别是要防止大腿叉开。

（5）不要蹲在凳子或椅子上。有些人有蹲在凳子或椅子上的生活习惯，但是在公共场合这么做的话，是不能被接受的。

总之，下蹲时一定不要有弯腰、臀部向后撅起的动作；切忌两腿叉开，两腿展开平衡下蹲以及下蹲时，露出内衣裤等不雅的动作，以免影响你的姿态美。因此，当要捡起落在地上的东西或拿取低处物品的时候，不可有只弯上身、翘臀部的动作，而是首先走到要捡或拿的东西旁边，再使用正确的蹲姿，将东西拿起。

（五）手势

手是人体上最富灵性的器官，如果说"眼睛是心灵的窗户"，那么手就是心灵的触角，是人的第二双眼睛。手势在传递信息，表达意图和情感方面发挥着重要作用。

手的"词汇"量是十分丰富的。据语言专家统计，表示手势的动词有近 200 个。"双手紧绞在一起"，显示的意义是精神紧张。用手指或笔敲打桌面，或在纸上涂画，显示不耐烦、无兴趣。搓手，显示的意义是有所期待，跃跃欲试，也可表示着急或寒冷。摊开双手，表示真诚和坦直。用手支着头，显示的意义是不耐烦、厌倦。用手托摸下巴，说明老练、机智。用手不停地磕烟灰，表明内心有冲突和不安。突然用把没吸完的烟掐灭，表明紧张地思考问题等。

又如招手致意、挥手告别、握手友好、摆手回绝、合手祈祷、拍手称快、拱手答谢（相让）、抚手示爱、指手示怒、颤手示怕、捧手示敬、举手赞同、垂手听命等。可见，丰富的手势语在人们交往间是不可缺少的。

在社会交往中，手势有着不可低估的作用，生动形象的有声语言再配合准确、精彩的手势动作，必然能使交往更富有感染力、说服力和影响力。

1. 手势的区域

手势活动的范围，有上、中、下 3 个区域。此外，还有内区和外区之分。肩部以上称为上区，多用来表示理想、希望、宏大、激昂等情感，表达积极肯定的意思；肩部至腰部称为中区，多表示比较平静的思想，一般不带有浓厚的感情色彩；腰部以下称为下区，多表示不屑、厌烦、反对、失望等，表达消极否定的意思。

2. 手势的类型

人的手势一般可分为 4 种。

第一，情意性手势。主要用于带有强烈感情色彩的内容，其表现方式极为丰富，感染力极强。例如，说"我非常爱她"时，用双手捧胸，以表示真诚之情。

第二，象征性手势。主要用来表示一些比较复杂的感情和抽象的概念，从而引起对方的思考和联想。例如，把大军乘胜追击的场面，用右手五指并齐，并用手臂前伸这个手势来形容，象征着奋勇进发的大军，就能引起听众的联想。

第三，指示性手势。主要用于指示具体事物或数量，其特点是动作简单，表达专一，一般不带感情色彩。如当讲到自己时，用手指向自己；谈到对方时，用手指向对方。

第四，形象性手势。其主要作用是模拟事物的形状，以引起对方的联想，给人一种具体明确的印象。如说到高山，手向上伸；讲到大海，手平伸外展。

3. 手势的原则

手势语能反映出复杂的内心世界，但运用不当，便会适得其反，因此在运用手势时要注意几个原则。首先要简约明快，不可过于繁多，以免喧宾夺主；其次要文雅自然。因为，拘束低劣的手势，会有损于交际者的形象；再次要协调一致，即手势与全身协调，手势与情感协调，手势与口语协调；最后要因人而异，不可能千篇一律地要求每个人都做几个统一的手势动作。

4. 常见的手势

(1) 引领的手势。在各种交往场合都离不开引领动作，例如请客人进门，客人坐下，为客人开门等，都需要运用手与臂的协调动作，同时，由于这是一种礼仪，还必须注入真情实感，调动全身活力，使心与形体形成高度统一，才能做出色彩和美感。引领动作主要有以下几个表现形式。

第一，横摆式。以右手为例：将五指伸直并拢，手心不要凹陷，手与地面呈45°，手心向斜上方。腕关节微屈，腕关节要低于肘关节。动作时，手从腹前抬起，至横膈膜处，然后，以肘关节为轴向右摆动，到身体右侧稍前的地方停住。同时，双脚形成右丁字步，左手下垂，目视来宾，面带微笑。这是在门的入口处常用的谦让礼的姿势。

第二，曲臂式。当一只手拿着东西，扶着电梯门或房门，同时要做出"请"的手势时，可采用曲臂手势。以右手为例：五指伸直并拢，从身体的侧前方，向上抬起，至上臂离开身体的高度，然后以肘关节为轴，手臂由体侧向体前摆动，摆到手与身体相距20cm处停止止，面向右侧，目视来宾。

第三，斜下式。请来宾入座时，手势要斜向下方。首先用双手将椅子向后拉开，然后，一只手曲臂由前抬起，再以肘关节为轴，前臂由上向下摆动，使手臂向下成一斜线，并微笑点头示意来宾。

（2）"OK"的手势。拇指和食指合成一个圆圈，其余三指自然伸张。这种手势在西方某些国家比较常见，但应注意在不同国家其语义有所不同。如美国表示"赞扬""允许""了不起""顺利""好"；在法国表示"零"或"无"；在印度表示"正确"；在中国表示"零"、或"三"2个数字；在日本、缅甸、韩国则表示"金钱"；在巴西则是"引诱女人"或"侮辱男人"之意；在地中海的一些国家则是"孔"或"洞"的意思，常用此来暗示、影射同性恋。

（3）伸大拇指手势。大拇指向上，在说英语的国家多表示"OK"之意或是打车之意；若用力挺直，则含有骂人之意；若大拇指向下，多表示坏、下等人之意。在我国，伸出大拇指这一动作基本上是向上伸表示赞同、一流、好等，向下伸表示蔑视、不好等之意。

（4）"V"字形手势。伸出食指或中指，掌心向外，其语义主要表示胜利（英文 Victory 的第一个字母），掌心向内，在西欧表示侮辱、下贱之意。这种手势还时常表示"二"这个数字。

（5）伸出食指手势。在我国以及亚洲一些国家表示"一""一个""一次"等；在法国、缅甸等国家则表示"请求""拜托"之意。在使用这一手势时，一定要注意不要用手指指人，更不能在面对面时用手指着对方的面部和鼻子，这是一种不礼貌的动作，且容易激怒对方。

（6）捻指作响手势。就是用手的拇指和食指弹出声响，其语义或表示高兴、或表示赞同，或是无聊之举，有轻浮之感。应尽量少用或不用这一手势，因为，其声响有时会令他人反感或觉得没有教养，尤其是不能对异性运用此手势，这是带有挑衅、轻浮之举。

模块六　家庭礼仪

家庭礼仪是维持家庭生存和实现幸福的基础，家庭礼仪能调节家庭成员之间达成和谐的关系，家庭礼仪也有助于社会的安定、国家的发展。

家庭礼仪是人们在长期的家庭生活中，用以沟通思想、交流信息、联络感情而逐渐形成的约定俗成的行为准则和礼节、仪式的总称。家庭礼仪主要包括夫妻之间的礼仪、父母子女之间的礼仪、兄弟姐妹之间的礼仪，同时，还涉及邻里之间的礼仪以及邻里待客做客礼仪。

一、夫妻之间礼仪

夫妻是一种没有血缘、只有姻缘的家庭关系。夫妻关系虽然不如血缘关系（指父母子女）稳定，但却是家庭人际关系的主体和核心，是血亲和姻亲的基础。只有夫妻之间和睦相处，家庭才会有幸福。

1. 互爱互谅

最珍贵的是谅解，最可爱的是了解，最难得的是理解，最可悲的是误解。夫妻不可能事事统一、处处一致，争吵是难免的。争吵时情绪容易激动，说"过头话"、做"过头事"，所以夫妻争吵有"四忌"：忌口出秽言、忌翻旧账、忌回娘家搬人、忌人身攻击。美好的婚姻离不开赞美。夫妻应随时随地对对方的优点或成绩予以肯定，如果能够记住对方的生日并适时送一份小礼物等小事情，都是夫妻关系增温的添加剂。

2. 尊重对方人格

我国的传统文化中认为"男尊女卑"，这直接影响到一部分丈夫，习惯耍威风，搞"大男子主义"，对妻子发号施令，不顾妻子自尊，粗暴无理，甚至大打出手。也有的女性，从小娇生惯养，眼中根本没有他人，结了婚，就总想统治丈夫，漠视公婆。所以，妻子也要注意摒弃"河东狮吼"与"妻管严"，不搞命令主义。夫妻之间都要懂得宽容，给对方留有空间，应牢记"勿以恶语相向"的古训。

3. 遇事多商量，生活细节要讲究

夫妻之间应相互信任，有商有量，同舟共济。不论是有关家庭的决策，还是一方个人工作上的计划或困惑，都不应一个人说了算。很多人在婚后特别不注意自己的外在形象，显得很邋遢，以为"打扮给谁看呀"。其实，一如既往地注意自己的仪表，既是对方的爱，也使自己在各种场合中更加自信，更加赢得别人的尊重。

4. 共同承担家务劳动

丈夫不应该把家务都推给妻子，认为"女人应该围着炉灶转"，而作为妻子也不应该娇气，把自己能做的事都推给丈夫。对家务事可以作出不同的分工，这样做起来有条有理，忙而不乱。即使丈夫再忙，在适当的时候，帮妻子做一些小的家务活，也说明了你对她的关心、对家庭的责任心，无疑会使感隋更加默契（图6-1）。

二、父母与子女相处礼仪

父母是孩子的第一位老师。父母的文化素养、性格爱好，对于子女的自制力、思维灵活性、思维水平、求知欲等方面的发

图6-1　做家务

展，有着相当大的影响。

1. 父母教育子女的礼仪

为人父母，应对子女负有培养与管教的责任。父母首先要做到：孩子在场时，父母不要吵架；任何时候都不要对孩子撒谎；父母之间相互谦让，互相体谅；父母和孩子保持亲密无间的关系；孩子提出的问题，父母要尽量给以答复；孩子的朋友来家里做客，父母要表示出欢迎和尊重；在他的朋友面前，不要讲孩子的过错；注意观察和表扬孩子的优点。父爱和母爱一旦变成溺爱就会酿成祸患，对孩子必要的批评，也是创造良好的家庭环境、教育子女健康成长的手段。但批评一定要讲究方法，选好时机；在没有弄清事情真相时，不要盲目批评孩子，沉默比说错话要好得多；不要当外人面批评子女。

父母要注重言传身教，在孩子面前注意以身作则，身体力行，有意识地发挥自己的示范作用。应尽量缩短代沟的距离，要挤时间和孩子在一起；要相互了解、相互理解；要提高家庭透明度，把问题公开，使子女了解家长情况；鼓励孩子在挫折中重新振作起来；培养孩子的自理能力。

2. 子女对父母应有的礼仪

父母给了我们生命，抚育我们成长，给了我们人世间最伟大无私的爱，所以，我们应该回报父母、敬重父母。

首先要孝顺父母。每一个人都是父母从小拉扯大的，都让父母倾注了大量心血，父母到了晚年，做儿女的应该报答父母的养育之恩，不仅要有物质上的赡养，还要有精神上的安慰。所以，即使不在父母身边，经常性的问候也是非常必要的，也应该"常回家看看"。对许多父母还健在的人来说，现在做还来得及，可千万别落下个"子欲养而亲不待"的遗憾（图6-2）。

图6-2　孝顺的一家人

其次不要干涉父母的事。父母有自己的社交、人情、礼仪开支，更有自己的思想感情，做子女的切忌越俎代庖。尤其是失偶父母再婚问题，子女应为父母的幸福着想，支持理解，不能粗暴干涉。

还要注意一些小事。如和父母在一起的时候，应尽可能地帮父母多做一些家务活，多和他们聊聊天。父母生日的时候，在可能的情况下，为他们准备一点小礼物，一家人在一起吃顿饭。在父母眼里，子女永远都是小孩，所以即使父母再唠叨，也绝不可以嫌他们烦甚至出现抵触情绪。这些看似不起眼的事情，对于父母失落、孤独的心，都是最好的安慰。

3. 婆媳、岳婿之间的礼仪

一方面，作为公婆儿子的妻子，儿媳应该像子女一样，不在公婆面前分你我里外，一样体现出理解、敬重、孝顺。另一方面，作为公婆，也必须把儿媳当自己孩子一样看待，绝不能有什么"外人"的念头，应该给予和儿女一样的尊重、关爱、体谅。

有的年轻夫妻不称呼公婆或岳父母为"爸爸、妈妈"，而称呼"你爸、你妈"。这种乱称呼现象，无疑会使家庭秩序发生混乱，不讲究长幼尊卑，不尊重长辈，必然影响家庭成员间的感情。女婿要想和岳父母处好关系，起码要注意 2 个方面：一是多奉献少索取；二是在岳父母面前多夸奖妻子。女婿首先体现出对岳父母的孝、妻子的爱，当然就能赢得岳父母对女婿的真诚的关爱。

三、兄弟姐妹相处礼仪

兄弟姐妹在同一个家庭长大，有着十分亲密的血缘关系，相互应该珍惜十分可贵的手足情。在处理兄弟姐妹之间的关系时，最重要的就是要注意加强团结，彼此爱护，相互尊重。

1. 加强团结

一要讲究宽厚；二要强调谦让。所谓宽厚，即待人要宽容、厚道。不要听不得逆耳之言，见不得逆己之事，更不要听别人的是非之言。兄弟姐妹即使存在有负自己的地方，也要对其宽大为怀。兄弟姐妹之间，没有必要竞争攀比，更不要争风吃醋、挑拨离间。兄弟姐妹打交道，涉及财物时，应做适当谦让，这样做有助于增进自己与兄弟姐妹间的亲情，对上无愧于长辈，对下无愧于晚辈，可谓一举三得。

2. 彼此爱护

兄弟姐妹，本是同根生。彼此的爱护，应该是无条件的、不图回报的，不仅仅在物质利益的支援方面，还包括精神情感的沟通方面。对于这种爱护，必须领情。特别是出于爱护的目的进行的批评、指责，要勇于接受。

3. 相互尊重

有人认为，既然兄弟姐妹之间用不着生疏，那就应该想说什么就说什么。岂不知，所谓"言者无意，听者有心"，经常出现看来没什么的话语，却严重伤害了别人的自尊心，从而为亲情关系烫上了不好的烙印。这就要求我们在和兄弟姐妹说话的时候，哪怕是分内的、教育的话，也要讲究方式、方法，进行适当的婉转表达，以体现最起码的尊重。

四、邻里相处礼仪

"远亲不如近邻"，好的邻里关系对人的成长和社会稳定起着重要作用（图6-3）。

邻里相处要注意以下几点。

1. 经常检点自己的习惯

自觉爱护公共卫生，自觉参与社区公共活动，为维护一个好的生活环境尽一份力。要相互帮助和讲信用。邻里之间能办到的事情要尽量帮忙，别人有了困难，应该积极主动地去帮一把，万不可幸灾乐祸，在一旁看笑话；同时邻里之间还要讲信用，做不

图6-3　邻里相处

到的事情千万不要对别人夸海口，以免误了别人的大事。借邻居的东西一定要及时归还，如果因一时疏忽而延误了归还时间，应当面表示歉意。

要考虑自己的兴趣爱好、生活习惯会不会打扰别人。如你是否有喜欢晚上唱卡拉OK，而且，一唱就超过晚上24：00的习惯；你是否总是把洗衣服的水或别的不干净的污水一出家门就泼在邻里共用的路面上；你是不是有半夜才回家，而且走路、说话声音很大的习惯等。这些看起来并不起眼的小事是最容易伤了邻居之间的和气的。

学会礼让与宽容。对邻居要以礼相待，平易近人，不要视若路人。见面后要主动和别人打招呼，平时对邻居不要苛求，谈得来的就多交往；谈不来的维持一种有距离的友好态度。指桑骂槐是没教养的坏习惯。对于邻居不合理的要求和做法，采取"有理、有节"的态度，合理地、妥善地解决处理。

2. 勿占用公共场所

遇到特殊情况需要占用楼道等空间或临时放置物品时，必须与相关楼层的邻居做好沟通。首先要说清原因以及占用时间，得到他们的体谅，也可以在物品旁贴一张"安民告示"说明情况；其次要注意什么能放什么不能放，如不要放易燃、易爆、易碎、易腐蚀和气味难闻的物品，体积太大影响上下楼的也不要放。最后，绝对不要长时间占用楼道等公共空间，这不符合邻里礼仪规范，也不利于防火防盗。

3. 家养宠物多注意

养宠物的时候，要注意两个细节问题：一要注意卫生。一些宠物，特别是猫、狗等时常随地大小便，主人带上塑料袋或者旧报纸等，将宠物的排泄物包好扔到垃圾箱，保持公共场所的卫生和美观。二要注意安全。出门遛狗，要给狗拴上绳索，不要任它狂吠乱叫，追逐扑咬。遇到老人和小孩，要特别小心，别让他们受到惊吓。

4. 勿使小孩造烦恼

小孩活泼好动，可能喜欢又蹦又跳或者玩玩具，不会意识到激情"表演"的声响会给邻居造成多大的影响。作为家长必须有意识地提前防范，以避免给左右邻居造成不必要的干扰，选择轻便软底的室内拖鞋；在地上铺上泡沫或者毛巾毯，避免孩子在蹦跳或者玩玩具时弄出太大的声响；如果孩子想拍皮球、玩乒乓球，则应该带他们到室外去玩儿；平时多教育孩子养成在家中轻放东西、轻声走路的好习惯。

五、待客做客礼仪

（一）待客礼仪

家里有客人来访时，应提前做好准备：居室要收拾干净整洁，准备相应的待客物品，如茶具、茶、开水、饮料、水果等；

同时主人的仪容仪表也要干净整齐，修饰得体。

礼貌待客的具体做法。

（1）迎接客人，热情相待。

（2）问候寒暄，见到客人要面带微笑，热情招呼。

（3）敬烟、敬茶。在给客人上茶时要上热茶，茶以七分满为最佳；同时，注意上茶的顺序：先客人后主人，先主宾后次宾，先女士后男士，先长辈后晚辈。

（4）陪客人交谈。

（5）当客人离席或准备告辞时，主人应婉言相留。

（二）做客礼仪

走亲访友是最常见的一种交际形式。在走亲访友之前应做好必要的准备，应提前预约，不要贸然拜访；若接到别人邀请做客的电话或信件，要认真考虑能否前行，一旦应邀，就要守时守约；要去做客时，要注意自己的仪容仪表，服装应整洁、庄重，仪态端庄大方。

做客的基本仪礼要求。

（1）提前预约，不"突袭"，时间选择不宜在三餐或对方睡觉的时间。

（2）做客要注意仪表、仪容。

（3）不能猛敲门或连续按铃。

（4）前往他人家里做客时，进门后为尊重主人，须遵守"五除"；摘下自己的帽子、围巾、手套、墨镜并脱下外套。

（5）吃东西喝水要斯文。

（6）不做不受人欢迎的行为，如来回走动，乱翻抽屉箱柜，索要物品，乱摸东西，擅自乱串房间等。

模块七　社交礼仪

一、称谓礼仪

称谓指的是人们在日常交往应酬中，所采用的彼此之间的称谓语。在人际交往中，选择正确、适当的称谓，反映着自身的教养、对对方尊敬的程度，甚至还体现着双方关系发展所达到的程度和社会的风尚，因此，对它不能疏忽大意，随便乱用。

根据社交礼仪的规范，选择正确、适当的称谓，有 3 点务必应当注意。

其一，要合乎规范。

其二，要照顾习惯。

其三，要入乡随俗。

与此同时，还应对生活中的称谓、工作中的称谓、外交中的称谓、称谓的禁忌等细心掌握，认真区别。

（一）生活中的称谓

在日常生活中，称谓应当亲切、自然、准确、合理，不可肆意为之，大而化之。

1. 对亲属的称谓

对亲属的称谓，有常规与特例之分。

（1）常规。亲属，即与本人直接或间接拥有血缘关系者。在日常生活中，对亲属的称谓业已约定俗成，人所共知。例如，父亲的父亲称之为"祖父"，父亲的祖父称之为"曾祖父"，姑、舅之子称之为"表兄""表弟"，叔、伯之子称之为"堂兄""堂弟"，大家对此都不会搞错。

对待亲属的称谓，有时讲究亲切，并不一定非常标准。例如，儿媳对公公、婆婆，女婿对岳父、岳母，皆可以"爸爸""妈妈"称谓。这样做，主要是意在表示自己与对方"不见外"。

（2）特例。面对外人，对亲属可根据不同情况采取谦称或敬称，对本人的亲属，应采用谦称。称辈分或年龄高于自己的亲属，可在其称谓前加"家"字，如"家父""家叔""家姐"。称辈分或年龄低于自己的亲属，可在其称谓前加"舍"字，如"舍弟""舍侄"。称自己的子女，可在其称谓前加"小"字，如"小儿""小婿"。

对他人的亲属，应采用敬称。对其长辈，宜在称谓之前加"尊"字，如"尊母""尊兄"。对其平辈或晚辈，宜在称谓之前加"贤"字，如"贤妹""贤侄"。若在其亲属的称谓前加"令"字，一般可不分辈分或长幼，如"令堂""令尊""令爱""令郎"。

对待比自己辈分低、年纪小的亲属，可以直呼其名，使用其爱称、小名，或是在其名字之前加上"小"字相称，如"长发""毛毛""小宝"等。但对比自己辈分高、年纪大的亲属，则不宜如此。

2. 对朋友、熟人的称谓

对朋友、熟人的称谓，既要亲切、友好，又要不失敬意。

（1）敬称。对任何朋友、熟人，都可以人称代词"你""您"相称。对长辈、平辈，可称其为"您"。对待晚辈，则可称为"你"。以"您"称谓他人，是为了表示自己的恭敬之意。

对于有身份者、年纪长者，可以"先生"相称。其前还可以冠以姓氏，如"尚先生""何先生"。

对文艺界、教育界人士，以及有成就者、有身份者，均可称之为"老师"。在其前，也可加上姓氏，如"高老师"。

对德高望重的年长者、资深者，可称之为"公"或"老"。其具体做法是：将姓氏冠以"公"之前，如"谢公"。将姓氏冠以"老"之前，如"王老"。若被尊称者名字为双音，则还可将其双名中的头一个加在"老"之前，如可称沈雁冰先生为"雁老"。

（2）姓名的称谓。平辈的朋友、熟人，均可彼此间以姓名相称。例如，"李静""朱一凡""郑秋芬"。长辈对晚辈也可以这么做，但晚辈对长辈却不可如此。

为了表示亲切，可以在被称呼者的姓前分别加上"老""大"或"小"字相称，而免称其名。例如，对年长于己者，可称"老刘""大赵"；对年幼于己者，可称"小黄"。

对同性的朋友、熟人，若关系极为亲密，可以不称其姓，而直呼其名，如"光夏""韶涵"。对于异性，则一般不可这样做。要是称"王凤英""郑晓燕"为"凤英""晓燕"，若不是其家人，便是其恋人或配偶了。

（3）亲切的称谓。对于邻居、至交，有时可采用"大爷""大娘""大妈""大伯""大叔""大婶""伯伯""叔叔""爷爷""奶奶""阿姨"等类似血缘关系的称谓，这种称谓，会令人感到信任、亲切。

在这类称谓前，也可以加上姓氏，如"沈大哥""马大姐""刘阿姨"等。

3. 对普通人的称谓

在现实生活中，对一面之交、关系普通的交往对象，可酌情采取下列方法称谓。

（1）以"同志"相称。

（2）以"先生""女士""小姐""夫人""太太"相称。

（3）以其职务、职称相称。

（4）入乡随俗，采用对方所能理解并接受的称谓相称。

（二）工作中的称谓

在工作岗位上，人们彼此之间的称谓是有其特殊性的。它的总的要求，是要庄重、正式、规范。

1. 职务性称谓

在工作中，以交往对象的职务相称，以示身份有别、敬意有加，这是一种最常见的称谓方法。

以职务相称，具体来说又分为 2 种情况：

（1）仅称职务。例如，"理事长""主任"等。

（2）在职务之前加上姓氏。例如，"周经理"等。

2. 姓名性称谓

在工作岗位上称谓姓名，一般仅限于同事、熟人之间。其具体方法有 3 种。

（1）直呼姓名。

（2）只呼其姓，不称其名。但要在它前面加上"老""大""小"。

（3）只称其名，不呼其姓。它通常仅限于同性之间，尤其是上司称谓下级、长辈称谓晚辈之时。在亲友、同学、邻里之间，也可使用这种称谓。

（三）称谓的禁忌

在人际交往中使用称谓时，一定要回避以下几种错误的做法。其共同的特征，是失敬于人。

1. 错误的称谓

使用错误的称谓，主要在于粗心大意，用心不专。常见的错误称谓有 2 种。

（1）误读。误读，一般表现为念错被称呼者的姓名。例如，"查""盖"这些姓氏就极易弄错。要避免犯此错误，就一定要做好先期准备，必要时要不耻下问，虚心请教。

（2）误会。误会，主要指对被称呼的年纪、辈分、婚否以及与其他人的关系做出了错误判断。例如，将未婚妇女称为"夫人"，就属于误会。

2. 过时的称谓

有些称谓，具有一定的时效性，一旦时过境迁，若再采用，难免贻笑大方。比方说，法国大革命时期人民彼此之间互称"公民"。在我国古代，对官员称为"老爷""大人"。若将它们全盘照搬进现代生活里来，就会显得滑稽可笑，不伦不类。

3. 不通行的称谓

有些称谓，具有一定的地域性，例如，北京人爱称人为"师傅"，山东人爱称人为"伙计"，中国人把配偶、孩子经常称为"爱人""小鬼"。但是，在南方人听来，"师傅"等于"出家人"，"伙计"肯定是"打工仔"。而外国人则将"爱人"理解为搞"婚外恋"的"第三者"，将"小鬼"理解为"鬼怪""精灵"，可见更是"南辕北辙"，误会太大了。

4. 庸俗低级的称谓

在人际交往中，有些称谓在正式场合切勿使用。例如，"兄弟""朋友""哥们儿""姐们儿""瓷器""死党""铁哥们儿"等一类的称谓，就显得庸俗低级，档次不高。它们听起来令人肉麻，而且带有明显的黑社会人员的风格。逢人便称"老伴"，也显得不伦不类。

5. 绰号

对于关系一般者，切勿自动主张给对方起绰号，更不能随意以道听途说来的对方的绰号去称谓对方。至于一些对对方具有侮辱性质的绰号，例如，"北佬""阿乡""鬼子""鬼妹""拐子"

"秃子""罗锅""四眼""恐龙""大傻个""北极熊""黑哥们儿""麻杆儿"等，则更应当免开尊口。另外，还要注意，不要随意拿别人的姓名乱开玩笑。要尊重一个人，必须首先学会去尊重他的姓名。每一个正常人，都极为看重本人的姓名，而不容他人对此进行任何形式的轻贱。对此，在人际交往中，一定要予以牢记。

二、介绍礼仪

介绍是人与人之间进行相互沟通的出发点。在社交场合，如能正确地利用介绍，不仅可以扩大自己的交际圈，广交朋友，而且有助于自己进行必要的自我展示、自我宣传，并且替自己在人际交往中消除误会，减少麻烦。

根据介绍者，即何人作介绍的不同，介绍可以分为自我介绍、他人介绍、集体介绍等三大类型。以下分别加以说明。

（一）自我介绍

自我介绍，简言之，就是在必要的社交场合，由自己担任介绍的主角，自己将自己介绍给其他人，以使对方认识自己。

在社交活动中，如欲结识某个人或某些人，而又无人引见，如有可能，即可自己充当自己的介绍人，自己将自己介绍给对方。这种自我介绍称为主动型的自我介绍。

在其他一些情况，人们有时会应其他人的要求，将本人某些方面的具体情况进行一番自我介绍。这种自我介绍则称为被动型的自我介绍。

从总体上讲，主动型的自我介绍与被动型的自我介绍都是自我介绍。它们在人际交往中，都是经常被采用的介绍方式。

根据社交礼仪的具体规范，进行自我介绍时，应注意自我介绍的时机、自我介绍的内容、自我介绍的分寸诸方面的问题。

1. 自我介绍的时机

应当何时进行自我介绍？这个问题比较复杂，它涉及时间、地点、当事人、旁观者、现场气氛等多种因素。不过一般认为，在下述时机，如有可能，有必要进行适当的自我介绍。

（1）在社交场合，与不相识者相处时。

（2）在社交场合，有不相识者表现出对结识自己感兴趣时。

（3）在社交场合，有不相识者请求自己作自我介绍时。

（4）在公共聚会上，与身边的陌生人共处时。

（5）在公共聚会上，打算介入陌生人组成的交际圈时。

（6）有求于人，而对方对自己不甚了解，或一无所知时。

（7）交往对象因为健忘而记不清自己，或担心这种情况有可能出现时。

（8）在出差、旅行途中，与他人不期而遇，并且有必要与之建立临时接触时。

（9）初次前往他人居所、办公室，进行登门拜访时。

（10）拜访熟人遇到不相识者挡驾，或是对方不在，而需要请不相识者代为转告时。

（11）初次利用大众传媒，如报纸、杂志、广播、电视、网络、电影、标语、传单，向社会大众进行自我推介、自我宣传时。

（12）利用社交媒介，如信函、电话、电报、传真、电子信函，与其他不相识者进行联络时。

（13）前往陌生单位，进行业务联系时。

（14）因业务需要，在公共场合进行业务推广时。

（15）应聘求职时。

（16）应试求学时。

自我介绍的内容可根据实际需要、场合而定，要有鲜明的针对性。一般来说，要先说敬语"您好"，然后再视情况具体做介绍。

凡此以上种种，又可以归纳为3种情况：一是本人希望结识他人；二是他人希望结识本人；三是本人认为有必要令他人了解或认识本人。

2. 自我介绍的内容

鉴于需要进行自我介绍的时机多有不同，因而进行自我介绍时的表述方法便有所不同。自我介绍的内容，指的是自我介绍时所表述的主体部分，即在自我介绍时表述的具体形式。

确定自我介绍的具体内容，应兼顾实际需要、所处场景，并应具有鲜明的针对性，切不可"千人一面"，一概而论。

依照自我介绍时表述的内容的不同，自我介绍可以分为下述几种具体形式。

（1）应酬式。应酬式的自我介绍，适用于某些公共场合和一般性的社交场合，如旅行途中、通电话时。它的对象，主要是进行一般性接触的交往对象。对介绍者而言，对方属于泛泛之交，或者早已熟悉，进行自我介绍只不过是为了确认身份而已，故此种自我介绍内容要少而精。

应酬式的自我介绍内容最为简洁，往往只包括姓名一项即可。例如，"您好！我的名字叫李阳。""我是顾平。"

（2）工作式。工作式的自我介绍，主要适用于工作之中。它是以工作为自我介绍的中心，因工作而交际，因工作而交友。有时，它也称公务式的自我介绍。

工作式的自我介绍的内容，应当包括本人姓名、供职的单位及其部门、担负的职务或从事的具体工作等3项。它们叫做工作式自我介绍内容的三要素，通常缺一不可。其中，第一项姓名，应当一口报出，不可有姓无名，或者有名无姓。第二项供职的单位及其部门，有可能最好全部报出，具体工作部门有时也可以暂不报出。第三项担负的职务或从事的具体工作，有职务最好报出职务，职务较低或者无职务，则可报出目前所从事的具体事务。

（3）交流式。交流式的自我介绍，主要适用于在社交活动中，它是一种刻意寻求与交往对象进一步交流与沟通，希望对方认识自己、了解自己、与自己建立联系的自我介绍。有时，它也称社交式自我介绍或沟通式自我介绍。

交流式自我介绍的内容，大体应当包括介绍者的姓名、工作、籍贯、学历、兴趣以及与交往对象的某些熟人的关系等。它们不一定非要面面俱到，而应依照具体情况而定。

（4）礼仪式。礼仪式的自我介绍，适用于讲座、报告、演出、庆典、仪式等一些正规而隆重的场合。它是一种意在表示对交往对象友好、敬意的自我介绍。

礼仪式的自我介绍的内容，亦包括姓名、单位、职务等项，但是还应多加入一些适宜的谦辞、敬语，以示自己礼待交往对象。

3. 自我介绍的分寸

进行自我介绍时，对下述几方面的问题必须予以重视，方能使自我介绍恰到好处，不失分寸。

（1）注意时间。在进行自我介绍时要注意时间，具有双重含义。

其一，要求进行自我介绍一定要力求简洁，尽可能地节省时间。虽说各种形式的自我介绍所用的时间长度不可笼统地等量齐观，但总的原则，还是所用时间愈短愈好，以半分钟左右为佳，如无特殊情况最好不要长于 1 分钟。在初次见面做自我介绍时，指望交往对象仅凭自己的自我介绍，就对自己"一目了然"，是不现实的。在自我介绍时，东拉西扯，借题发挥，信口开河，滔滔不绝，对自己而言是失态，对对方而言是失败，都是出力不讨好的。为了节省时间，在作自我介绍时，还可以递上本人的名片、介绍信加以辅助。若使用了名片、介绍信，则其上所列有的内容应尽量不予重复。

其二，要求自我介绍应在适当的时间进行，而不应在不适当的时间进行。进行自我介绍的适当时间：一是对方有兴趣时；二是对方有空闲时；三是对方情绪好时；四是对方干扰少时；五是对方有此要求时。进行自我介绍的不恰当时间，是指对方无兴趣、无要求、工作忙、干扰大、心情坏、休息用餐或正忙于私人交往时。

（2）讲究态度。进行自我介绍，态度务必要自然、友善、亲切、随和。届时，应显得落落大方，笑容可掬。既不要小里小气，畏首畏尾，瞻前顾后，又不要虚张声势，轻浮夸张，矫揉造作。

在作自我介绍时，要充满信心和勇气。千万不要妄自菲薄，心怀怯意，临场发挥失常。在进行自我介绍时，一定要勇于正视对方的双眼，显得胸有成竹，不慌不忙。这样做，将有助于进行自我放松，并使对方对自己产生好感。

在自我介绍的过程之中，语气要自然，语速要正常，语音要清晰，这对自我介绍的成功将大有好处。一定要力戒语气生硬冷漠、语速过快或过慢、语音含糊不清，他们其实都是缺少经验、缺乏自信的表现。

（3）力求真实。进行自我介绍时所表述的内容，一定要实事求是，真实可信。没有必要过分谦虚，一味贬低自己去讨好别人，但也不可自吹自擂，吹嘘弄假，夸大其词，在自我介绍时大掺水分，否则，定会得不偿失。

（二）他人介绍

他人介绍，又称第三者介绍，它是经第三者为彼此不相识的双方引见介绍的一种介绍方式。在他人介绍之中，为他人作介绍的第三者系介绍者，而被介绍所介绍的双方则是被介绍者。

他人的介绍，通常都是双向的，即将被介绍者双方各自均做一番介绍。有时，也可进行单项的他人介绍，即只将被介绍者中的某一方介绍给另一方。其前提是前者了解后者，而后者不了解前者。

1. 他人介绍的介绍者

在他人介绍中，介绍者的确定是有一定之规的。通常，具有下列身份者，理应在他人介绍中充当介绍者。

（1）社交活动中的东道主。

（2）社交场合的长者。

（3）家庭性聚会中的女主人。

（4）公务交往中的专职人员，如公关人员、礼宾人员、文秘人员、办公室人员、接待人员。

（5）正式活动中的地位、身份较高者，或主要负责人员。

（6）熟悉被介绍双方者。

（7）应被介绍者一方，或双方要求者。

（8）在交际应酬中，被指定的介绍者。

决定为他人作介绍，要审时度势，熟悉双方情况。如有可能，在为他人做介绍之前，最好先征求一下双方的意见，以免为原本相识者或关系恶劣者去作介绍。

2. 他人介绍的时机

遇到下述情况，通常有必要进行他人介绍。

（1）在家中，接待彼此不相识的客人。

（2）在办公地点，接待彼此不相识的来访者。

（3）与家人外出，路遇家人不相识的同事或朋友。

（4）陪同亲友，前去拜会亲友不相识者。

（5）本人的接待对象遇见了不相识的人士，而对方又跟自己打了招呼。

（6）打算推介某人加入某一交际圈。

（7）受到为他人作介绍的邀请。

3. 他人介绍的顺序

在为他人作介绍时，先介绍谁？后介绍谁？是一个比较敏感的礼仪问题。根据规范，处理这一问题时，必须遵守"尊者优先了解情况"的规则。它的含义是：在为他人作介绍时，先要确定双方地位的尊卑，然后先介绍位卑者，后介绍位尊者。这样做，可以使位尊者优先了解位卑者的情况，以便见机行事，在交际应酬中掌握主动权，即应确保位尊之人拥有"优先知情权"。这一规则，有时又称为"后来居上"规则，它所指的是后辈介绍者，应较之先被介绍者地位为上。两者从不同角度，阐明了同一问题。

根据这些规则，为他人作介绍时的顺序大致有如下几种情况。

（1）介绍年长者与年幼者认识时，应先介绍年幼者，后介绍年长者。

（2）介绍长辈与晚辈认识时，应先介绍晚辈，后介绍长辈。

（3）介绍老师与学生认识时，应先介绍学生，后介绍老师。

（4）介绍女士与男士认识时，应先介绍男士，后介绍女士。

（5）介绍已婚者与未婚者认识时，应先介绍未婚者，后介绍已婚者。

（6）介绍同事、朋友与家人认识时，应先介绍家人，后介绍同事、朋友。

（7）介绍来宾与这人认识时，应先介绍主人，后介绍来宾。

（8）介绍职位、身份高者与职位、身份低者认识时，应先介绍职位、身份低者，后介绍职位、身份高者。

4. 他人介绍的内容

在为他人作介绍时，介绍者对介绍的内容应当字斟句酌，慎之又慎。倘若对此掉以轻心，词不达意，敷衍了事，很容易给被介绍者留下不良印象。

根据实际需要的不同，为他人作介绍时的内容也会有所不同。通常，有以下几种形式可供借鉴。

（1）标准式。它适用于正式场合，内容以双方的姓名、单位、职位等为主。例如，"我来给两位介绍一下。这位是 XX 农民合作社理事长王建先生，这位是新海集团总经理邓远先生"。

（2）简介式。它适用于一般的社交场合，其内容往往只有双方姓名一项，甚至可以只提到双方姓氏为止。接下来，则要由被介绍者见机行事。例如，"我来介绍一下，这位是老贺，这位是小吕，你们彼此认识一下吧"。

（3）强调式。它适用于各种社交场合，其内容除被介绍者的姓名外，往往还会刻意强调一下其中某位被介绍者与介绍者之间的特殊关系，以便引起另一位被介绍者的重视。例如，"这位是北方公司的业务经理杨宝平先生。这位是栾颖，她在市卫生局工作，是我的侄女，请杨经理多多关照"。

（4）引见式。它适用于普通的社交场合。作这种介绍时，介绍者所要做的，就是将被介绍者双方引导到一起，而不需要表达任何具有实质性的内容。例如，"两位认识一下如何？大家其实都是校友，只不过以前不认识，现在请你们自报家门吧"。

5. 他人介绍的应对

在进行他人介绍时，介绍者与被介绍者都要注意自己的表达、态度与反应。此即所谓他人介绍的应对问题。

介绍者为被介绍者作介绍时，不仅要尽量征求一下被介绍者双方的意见，而且在开始介绍时还应再打一下招呼，切勿上去开口即讲，显得突如其来，让被介绍者措手不及。

被介绍者在介绍者询问自己是否乐意认识某人时，一般不应加以拒绝或扭扭捏捏，而应欣然表示接受。实在不愿意时，则应说明缘由。

当介绍者走上前来，开始为被介绍者进行介绍时，被介绍者双方均应起身站立，面含微笑，大大方方地目视介绍者或对方，神态庄重、专注。

当介绍者介绍完毕后，被介绍者双方应依照合乎礼仪的顺序进行握手，并且彼此问候对方。此时的常用语有"你好""很高兴认识你""久仰大名""认识你非常荣幸""幸会，幸会"等。必要时，还可作进一步的自我介绍。

不要在此时此刻有意拿腔拿调，硬端架子，显得瞧不起对方，或是心不在焉，疲于应对。也不要奴颜婢膝，低三下四，阿谀奉承，诚心讨好对方。

（三）集体介绍

集体介绍，系他人介绍的一种特殊形式，它是指介绍者在为他人介绍时，被介绍者其中一方或者双方不止一人，甚至是许多人。由此可见，集体介绍大体可分成两种：其一，为一人和多人作介绍；其二，为多人和多人作介绍。

进行集体介绍时，应主要关注其时机、顺序、内容等3个方面的问题。

1. 集体介绍的时机

遇到如下情况，应当进行集体介绍。

（1）大型的公务活动，参加者不仅一方，而且各方不止一人。

（2）涉外交往活动，参加活动的宾主双方皆不止一人。

（3）规模较大的社交聚会，有多方参加，各方均可能不止一人。

（4）家庭性私人交往，主人的家人与来访者双方均可能不止一人。

（5）正式的大型宴会，主方人员与来宾均不止一人。

（6）婚礼、生日宴会，当事人与来宾均不止一人。

（7）举行会议，应邀前来的与会者往往不止一人。

（8）演讲、报告、比赛，参加者不止一人。

（9）会议、会谈，各方参加者不止一人。

（10）接待参观、访问者，来宾不止一人。

2. 集体介绍的顺序

进行集体介绍的顺序，若有可能，应比照他人进行介绍的顺序进行。若实难参照，则可酌情参考下述顺序。应当强调的一点是，越是正式、大型的交际活动，对集体介绍的顺序就越不能马虎。

（1）"少数服从多数"。它的含义，是指当被介绍者双方地位、身份大致相似，或者难以确定时，应当使人数较少的一方礼让人数较多的一方，一个人礼让多数人，先介绍人数较少的一方或个人，后介绍人数较多的一方或多数人。

（2）强调地位、身份。若被介绍者双方地位、身份之间存在明显差异，特别是当这些差异表现为年龄、性别、婚否、师生以及职务有别时，则地位、身份为尊的一方即使人数较少，甚至仅为一人，仍然应被置于尊贵的位置，最后加以介绍，而须先介绍另一方人员。

（3）单向介绍。在演讲、报告、比赛、会议、会见时，往往只需要将主角介绍给广大参加者，因为，这种可能性实际上并不存在。

（4）人数较多一方的介绍。若需要介绍的一方人数不止一人，可采取笼统的方法进行介绍，例如，可以说："这是我的家人""他们都是我的同事"等。但是最好还是要对其一一进行介绍。进行此种介绍时，可比照他人介绍时位次尊卑的顺序，由尊而卑，如先长后幼，先女后男等。不过，这一顺序的标尺一定要正规、单一，且为众人所认可。

（5）人数较多双方的介绍。若被介绍者双方皆不止一人，则可依照礼规，先介绍位卑的一方，后介绍位尊的一方。在介绍各方人员时，均需由尊而卑，依次进行。

（6）人数较多各方的介绍。有时，被介绍的会不止两方，此时需要被介绍的各方进行位次排列。排列的具体方法：一是以其负责人身份为准；二是以其单位规模为准；三是以单位名称的英文字母或汉语拼音字母为准；四是以抵达的时间的先后顺序为准；五是以座次顺序为准；六是以距介绍者的远近为准。进行多方介绍，应由尊而卑。如时间允许，应在介绍各方时以由尊而卑的顺序，一一介绍各个成员。若时间不允许，则不必介绍其具体成员。

3. 集体介绍的内容

集体介绍的内容，基本上与他人介绍的内容无异，不过要求更认真、更准确、更清晰。有以下两点，应尤为注意。

（1）不要使用易生歧义的简称。例如，不要讲"人大""消协"，而应道明是"中国人民大学""消费者协会"，还是"市人大常委会""消防协会"。又如，将范局长简称为"范局"，就会使人听上去似"饭局"而哗然大笑。至少，要在首次介绍时使用准确的全称，然后才采用简称。

（2）不要开玩笑、捉弄人。进行介绍时，要庄重、亲切，切勿随意拿被介绍者开玩笑，或是成心出对方的洋相。例如，在介绍时这样讲："这位是大名鼎鼎的邱瑞先生，大家看，邱瑞先生肥不肥"，这样就是很不文明的。

三、握手礼仪

在交际应酬中，相识者之间与不相识者之间往往都需要在适当的时刻向交往对象行礼，以示自己对于对方的尊重、友好、关心与敬意。此种礼仪，即所谓会面礼节，也就是人们会面时约定俗成互行的礼仪。有时它又称相见礼节。

在不同的历史时期、不同的文化背景之下，人们所采用的会面礼节往往千差万别，互不相同。为人们所熟知的就有点头礼、举手礼、致意礼、脱帽礼、握手礼、拥抱礼、亲吻礼、鞠躬礼、合十礼、吻手礼、吻足礼、碰鼻礼、拱手礼、跪拜礼、屈膝礼等。但是当今在我国乃至世界上最为通行的会面礼节却只有一种，就是人们在日常生活中经常采用的握手礼。

在一般情况下，握手礼简称握手。学习握手礼，应掌握的重要问题有行礼的时机、伸手的次序、相握的方式、握手的禁忌等。另外，对国内外目前常见的其他会面礼节也应略知一二。

（一）握手的时机

见面之初，何时行握手礼，这是一个十分复杂而微妙的问题，它通常取决于交往双方的关系，现场的气氛以及当事人个人的心情等多种因素。所以，握手之前要审时度势，听其言观其行，掌握礼仪握手信号，选择适当时机。在如下这样一些时刻，是有必要与交往对象互行握手礼的，否则，即为失礼。

1. 必须握手的场合

（1）遇到较长时间未曾谋面的熟人，应与其握手，以示为久别重逢而万分欣喜。

（2）在比较正式的场合同相识之人道别，应与之握手，以示自己的惜别之意和希望对方珍重之心。

（3）在家中、办公室里以及其他一切以本人作为东道主的社交场合，迎接或送别来访者之时，应与对方握手，以示欢迎或欢送。

（4）拜访他人之后，在辞行之时，应与对方握手，以示

"再会"。

（5）被介绍给不相识者时，应与之握手，以示自己乐于结识对方，并为此深感荣幸。

（6）在社交性场合，偶然遇上了同事、同学、朋友、邻居、长辈或上司时，应与之握手，以示高兴与问候。

（7）他人给予了自己一定的支持、鼓励或帮助时，应与之握手，以示衷心感谢。

（8）向他人表示恭喜、祝贺之时，如祝贺生日、结婚、生子、晋升、升学、乔迁、事业成功或获得荣誉、嘉奖时，应与之握手，以示贺喜之诚意。

（9）他人向自己表示恭喜、祝贺之时，应与之握手，以示谢意。

（10）向他人表示理解、支持、肯定时，应与之握手，以示真心实意。

（11）应邀参加社交活动，如宴会、舞会之后，应与主人握手，以示谢意。

（12）在重要的社交活动，如宴会、舞会、沙龙、生日晚会开始之前与结束时，主人应与来宾握手，以示欢迎与道别。

（13）得悉他人患病、失恋、失业、降职、遭受其他挫折或家人过世时，应与之握手，以示慰问。

（14）他人向自己赠送礼品或颁发奖品时，应与之握手，以示感谢。

（15）向他人赠送礼品或颁发奖品时，应与之握手，以示郑重其事。

2. 不必握手的场合

在下述一些情况下，因种种原因，不宜同交往对象握手为礼，则应免行握手礼。

（1）对方手部负伤。

（2）对方手部负重。

（3）对方手中忙于其他事。如打电话、用餐、喝饮料、主持会议、与他人交谈等。

（4）对方与自己距离较远。

（5）对方所处环境不适合握手。

（二）握手的次序

在比较正式的社交场合，行握手礼的关键环节就是握手时双方应由谁先伸手发起握手这一动作。倘若对此一无所知，在与他人进行握手时，轻率地抢先伸出手去，而得不到对方的回应，是非常尴尬的。因此，在握手时要遵守"尊者决定"的原则，即在握手时首先确定双方身份的尊卑，由位尊者先伸手，位卑者及时地作回应。遵守这一原则，既是为了恰当地体现对位卑者的尊重，也是为了维护在握手之后的寒暄中位尊者的自尊。

（1）年长者与年幼者握手，应由年长者先伸手。

（2）长辈与晚辈握手，应由长辈先伸手。

（3）女士与男士握手，应由女士先伸手。

（4）已婚者与未婚者握手，应由已婚者先伸手。

（5）主人与客人握手，应由主人先伸手。

（6）上级与下级握手，应由上级先伸手。

值得注意的是，当握手双方符合其中两个或两个以上顺序时，一般以先职位再年龄，先年龄再性别的顺序握手。如一位年长的职位低的女士和一位年轻的职位高的男士握手时，应由这位男士先伸手。

还应强调的是，上述握手次序，主要用来律己，不可用来苛求别人。在社交场合，无论是谁先向我们伸出手，即使他违反了握手礼的先后顺序，我们都应将其看做是敬重、友好的表示，应马上伸出手与其相握。拒绝与他人握手，从而使对方难堪实际上是一种变相的失礼，是不符合礼仪规范的。

（三）握手的方式

1. 标准姿势

握手的标准方式，是行握手礼时，双方相距 1m 左右，双腿立正，上身略向前倾，伸出右手，四指并拢，拇指张开，掌心向内，右手掌与地面垂直，手的高度大致与双方腰部平齐。握手时，适当用力，上下摇摆几次。伸直相握时，双方手臂应大致形成一个直角，虎口交叉。这是标准的握手姿势，也称平等式握手（图 7-1）。

图 7-1 握手

2. 注意事项

（1）神态。握手时，神态应专注、热情、友好、自然。在通常情况下，与人握手时应面含微笑，目视对方的双眼，并且口道问候。

握手之时，切勿显得自己三心二意，敷衍了事，漫不经心，傲慢冷淡。如果在此时迟迟不握他人早已伸出的手，或是一边握手，一边东张西望，目中无人，甚至忙于跟其他人打招呼，都是极不应该的。

（2）姿势。向他人行握手礼时，只要有可能，就应起身站立。除非长辈或女士，坐着与人握手是不合适的。

握手之时，双方的最佳距离为 1m 左右，因此，握手时双方均应主动向对方靠拢。若双方距离过大，显得像是一方有意讨好或冷落另一方。若双方握手时距离过小，手臂难以伸直，也不大好看。

最好的做法，是双方将要相握的手各向侧下方伸出，伸直相握后形成一个直角。

（3）手位。在握手时，手的位置至关重要。常见的手位有两种：单手相握和双手相握。单手相握时，以右手单手与人相握，是最常用的握手方式。不过进而言之，单手与人相握时，手掌垂直于地面最为适当。它称为"平等式握手"，表示自己不卑不亢。与人握手时掌心向上，表示自己谦恭、谨慎，这一方式称为"友善式握手"。与人相握时掌心向下，则表示自己感觉甚佳，自高自大，这一方式称为"控制式握手"。双手相握时，即用右手握住对方右手后，再以左手握住对方右手的手背。这种方式，适用于亲朋故友之间，可用以表达自己的深厚情谊。一般而言，此种方式的握手不适用于初识者或者异性。双手握手时，左手除握住对方右手手背外，还有人以之握住右手手腕、握住对方右手手臂、按住或拥住对方右肩，这些做法若非面对至交，则最好不要滥用。

(4) 力度。握手之时，为了向交往对象表示热情友好，应当稍许用力，大致握力以在 2kg 为宜。与亲朋故旧握手时，所用的力量可以稍微大一些；而在与异性以及初次相识者握手时，则千万不可用力过猛。总之，与人握手时，不可以毫不用力，不然就会使对方感到缺乏热忱与朝气。但也不要矫枉过正，要是在握手时拼命用力，不将对方整得龇牙咧嘴不肯罢休，则难免有示威或挑衅之嫌。

(5) 时间。在普通情况下，与他人握手的时间不宜过短或过长。大体来讲，握手的全部时间应控制在半分钟之内，握上一两下即可。握手时两手稍接触即分，时间过短，好似在走过场，又像是对对方怀有戒意。而与他人握手时间过久，尤其是拉住异性或初次见面者的手长久不放，则显得有些虚情假意，甚至会被怀疑为"占便宜"。

(四) 握手的禁忌

在人际交往中，握手虽然司空见惯，看似寻常，但是由于它可被用来传递多种信息，因此，在行握手礼时应努力做到合乎规范，并避免犯下失礼的禁忌。

(1) 不要用左手与他人握手，尤其是在与阿拉伯人、印度人打交道时要牢记此点，因为，在他们看来握手是不洁的。

(2) 不要在握手时争先恐后，而应当遵守秩序，依此而行。特别要牢记，与基督教信徒交往时，要避免两人握手时与另外两人相握的手形成交叉状。

(3) 不要在握手时戴着手套。只有女士在社交场合带着薄纱手套与人握手，才是被允许的。

(4) 不要在握手时戴着墨镜。只有患有眼疾或眼部有缺陷者方可例外。

（5）不要在握手时将另外一只手依旧拿着东西而不肯放下。例如，仍然拿着香烟、报刊、公文包、行李等。

（6）不要在握手时面无表情，不置一词，好像根本无视对方的存在，而纯粹是为了应付。

（7）不要在握手时将另外一只手插在口袋里。

（8）不要在握手时长篇大论，点头哈腰，滥用热情，显得过分客套。过分的客套不会令对方受宠若惊，而只会让对方不自在，不舒服。

（9）不要在握手时紧紧握住对方的手指尖，好像有意与对方保持距离。正确的做法，是要握住整个手掌。即使对异性，也要这么做。

（10）不要在握手时只递给对方一截冰冷冷的手指尖，像是迫于无奈似的。这种握手方式在国外叫做"死鱼式握手"，被公认是失礼的做法。

（11）不要在握手时把对方的手拉过来、推过去，或者上下左右抖个没完。还须谨记，切勿在握手后拉着对方的手长时间不放。

（12）不要以肮脏不洁或患有传染性疾病的手与人相握。

（13）不要在与人握手之后，立即擦拭自己的手掌，好像与对方握一下手就会使自己受到"污染"似的。

（14）不拒绝与他人握手。在任何情况下，都不允许这么做。

（五）常见的其他会面礼节

在国内外交往中，除握手之外，以下会面礼节也颇为常见。

1. 点头礼

点头礼，又称颔首礼，它所适用的情况主要有：路遇熟人，在会场、剧院、歌厅、舞厅等不宜与人交谈之处，在同一场合碰上已多次见面者，碰上多人而又无法一一问候之时。

行点头礼时，一般应不戴帽子。具体做法是头部向下轻轻一点，同时，面带笑容，不宜反复点头不止，也不必点头的幅度过大。

2. 举手礼

行举手礼的场合，与行点头礼时的场合大致一致，它最适合向距离较远的熟人打招呼。

行举手礼的正确做法，是右臂向前方伸直，右手掌心向着对方，其他四指并齐、拇指叉开，轻轻向左右摆动一两下。不要将手上下摆动，也不要在手部摆动时用手背朝向对方。

3. 脱帽礼

戴着帽子的人，在进入他人居所，路遇熟人，与人交谈、握手或行其他会面礼，进入娱乐场所，升挂国旗，演奏国歌等一些情况下，应自觉主动地摘下自己的帽子，并置于适当之处，这就是所谓脱帽礼。

女士在社交场合可以不脱帽子。

4. 注目礼

注目礼的具体做法，是起身立正，抬头挺胸，双手自然下垂或贴放于身体两侧，笑容庄重严肃，双目正视于被行礼对象，或随之缓缓移动。

在升国旗，游行检阅、剪彩揭幕、开业挂牌等情况下，使用注目礼。

行注目礼时，不可歪戴帽子斜穿衣、东斜西靠、嬉皮笑脸、大声喧哗、打打闹闹。

5. 拱手礼

拱手礼，是我国民间传统的会面礼，而今它所适合的情况，主要包括过年时举行团拜活动，向长辈祝寿，向友人恭贺结婚、生子、晋升、乔迁，向亲朋好友表示无比感谢，以及与海外华人

初次见面表示久仰大名。

拱手礼的行礼方式，是起身站立，上身挺直，两臂前伸，双手在胸前高举抱拳，以右抱左，自上而下，或者自内向外，有节奏地晃动两三下。

6. 鞠躬礼

鞠躬礼目前在国内主要适用于向他人表示感谢、领奖或演讲之后，演员谢幕、举行婚礼或参加追悼活动等。

行鞠躬礼时，应脱帽立正，双目凝视受礼者，然后上身弯腰前倾。男士双手应贴放于两侧裤线处，女士的双手则应下垂搭放在腹前。下弯的幅度越大，所表示的敬重程度就越大。鞠躬的次数，可视具体情况而定。

四、交谈礼仪

交谈是指两个或两个以上的人所进行的对话。它是人们彼此之间交流思想感情、传递信息、进行交际、开展工作、建立友谊、增进了解的最为重要的一种形式。没有交谈，人与人要进行真正的沟通几乎是不可能的。

从总体上讲，交谈是人的知识、阅历、才智、教养和应变能力的综合体现。在我国古代，人们讲究就在人际交往中，要对交往对象"听其言，观其行"，并且被对方所了解。所以说，交谈在人际交往中的重要位置，是其他任何形式都难以替代的。

（一）礼貌用语

在交谈中多使用礼貌用语是博得他人好感和体谅的最为简单易行的做法。所谓礼貌用语，简称礼貌语，是指约定俗成的表示谦虚恭敬的专门用语。我国的礼貌用语丰富多彩，表现在许多方面，经常使用的有以下几种。

1. 问候用语

问候，又称问好或打招呼。它主要适用于人们在公共场所里初见时，彼此向对方致以敬意，表达关切之意。

进行问候，通常应当是相互的。在正常情况下，应当由身份较低之人首先向身份较高之人进行问候。如果被问候者不止一人，则对其进行问候时，有 3 种方法可以借鉴。

一是统一对其进行问候，而不再一一具体到每个人。例如，可问候对方："大家好!""各位上午好"等。

二是采用"由尊而卑"的礼仪惯例，先问候身份高者，然后问候身份低者。

三是以"由远而近"为先后顺序，首先问候与本人距离近者，然后依次问候其他人。当被问候者身份相似时，一般应采用这种方法。

在问候他人时，具体内容应当既简练又规范。通常采用的问候用语主要分为下列 2 种。

标准式问候用语。即直截了当地向对方问候。其常规做法是，在问好之前，加上适当的人称代词，或者其他尊称。例如，"你好""您好""各位好""大家好"等。

时效式问候用语。即在一定的时间范围之内才有作用的问候用语。它的常规做法是在问好、问安之前加上具体的时间，或是在两者之前再加以尊称。例如，"早上好""中午好""晚安"等。

问候语用得好，不仅能让人感到舒心、温暖，还可以缩短人与人之间的情感距离。使用问候语时，一定要注意自己的语气和音调。

2. 迎送用语

迎送用语又划分为欢迎用语与送别用语，两者分别适用于迎客之时或送客之际。

首先，使用欢迎用语时，应注意 2 点。

（1）欢迎用语往往离不开"欢迎"一词的使用。在平时，最常用的欢迎用语有："欢迎""欢迎光临""欢迎您的到来""见到您很高兴""恭候光临"等。

（2）在使用欢迎用语时，通常应当一并使用问候语，并且在必要时，还须同时向被问候者施以见面礼，如注目、点头、微笑、握手等。

在使用送别用语时，最为常用的送别用语有"再见""慢走""走好""欢迎再来""一路平安""多多保重"等。

3. 祝贺用语

祝贺语是指节日或别人有喜庆之事时的用语。祝贺用语非常多，根据庆祝的内容的不同，主要有以下 2 种具体形式。

（1）应酬式的祝贺用语。它往往用来祝贺对方顺心如意。常见的应酬式祝贺用语主要有："祝您成功""祝您好运""一帆风顺""心想事成""身体健康""全家平安""生意兴隆""生活如意"等。

（2）节庆式的祝贺用语。它主要在节日、庆典以及对方喜庆之日时使用。它的时效性极强，通常缺少不得。例如，"节日愉快""活动顺利""仪式成功""新年好""春节快乐""生日快乐""新婚快乐""白头偕老""福如东海，寿比南山""旗开得胜，马到成功"等。

4. 致谢用语

致谢用语又称道谢用语、感谢用语。在人际交往中，使用致谢用语，意在表达自己的感激之意。一般来讲，在下列 6 种情况下，理应及时使用致谢用语，向他人表示本人的感激之情。

（1）获得他人的帮助时。

（2）得到他人的支持时。

（3）赢得他人理解时。

（4）感到他人善意时。

（5）婉言谢绝他人时。

（6）受到他人赞美时。

致谢用语在得到实际运用时，内容会有变化，不过从总体上讲，它基本上可以被归纳为 3 种基本形式。

标准式的致谢用语。通常只包括一个词汇——"谢谢"，在任何需要致谢之时，均可采用此种致谢形式。在许多情况之下，如有必要，在采用标准式致谢用语向人道谢时，还可以在其前后加上尊称或人称代词，如"谢谢您"等。

加强式的致谢用语。有时，为了强化感谢之意，可在标准式致谢用语之前，加上某些副词。最常见的加强式致谢用语有："十分感谢""非常感谢""多多感谢""多谢"等。

具体式的致谢用语。具体式的致谢用语，一般是因为某一具体事宜而向人致谢。在致谢时，致谢的原因通常会被一并提及。例如，"有劳您了""让您替我们费心了""今天给您添了不少麻烦"等。

5. 道歉用语

道歉用语对于消除误解、弥补感情上的裂痕或增进友谊有积极作用。道歉用语有多种多样，在需要使用时，要根据不同对象、不同事件、不同场合而认真地进行选择。

最为常见的道歉用语主要有："抱歉""对不起""请原谅""失礼了""失陪了""请多包涵""打扰了""太不应该了""真过意不去"等。

6. 征询用语

征询用语是在征求他人意见时用的礼貌用语，也叫询问用语。下属 5 种情况一般采用征询用语。

（1）主动提供服务时。

（2）了解双方需求时。

（3）给予对方选择时。

（4）启发对方思路时。

（5）征求对方意见时。

7．推脱用语

拒绝别人，也是一门艺术。在拒绝别人时，如果语言得体，态度友好，拒绝者仍会觉得你是一个通情达理的人，从而使被拒绝者的失望心理迅速淡化。反之，如果拒绝得过于冰冷、生硬，直言"不知道""做不到""不归我管""问别人去""爱找谁找谁去"等，则很有可能令人失望、尴尬。

通常情况下，人际交往中，适宜采用的推脱用语主要有3种形式。

（1）道歉式的推脱用语。当对方的要求难以被立即满足时，不妨直接向对方表示自己的歉疚之意，以求得对方的谅解。如"很抱歉，我实在无能为力""对不起，让您失望了"等。

（2）转移式的推脱用语。所谓转移式的推脱用语，就是不具体地纠缠于对方所提及的某一问题，而是主动提及另外一件事情，以转移对方的注意力。例如，"您不要再点别的吗？""这东西其实和刚才想要的差不多"等。

（3）解释式的推脱用语。解释式的推脱用语，就是要求在推脱对方时，说明具体的缘由，尽可能地让对方觉得自己的推脱合情合理。例如，"您的心意我领了，但这东西我不能收""我下班后休息，抱歉不能接受您的邀请"等。

8．请托用语

请托用语通常是指在请求他人帮忙或是托付他人代劳时使用的礼貌用语。在一般情况下，人际交往中经常使用的请托用语主要有3种。

（1）标准式请托用语。它的内容主要是一个"请"字。当我们向对方提出某项具体要求时，只要加上一个"请"字，例如，"请稍候""请让一下"等，更为容易被对方所接受。

（2）求助式请托用语。最常见的有"劳驾""拜托""借光"及"请多关照"等。它们往往是在向他人提出某一具体要求，比如请人让路、请人帮忙、打断对方的交谈，或者要求对方照顾一下自己时，才被使用。

（3）组合式请托用语。有些时候，服务人员在请求或托付他人时，往往会将标准式请托用语与求助式请托用语混合在一起使用，这便是所谓组合式请托用语。"请您帮我一个忙""劳驾您替我照看一下行李""拜托您为这位大爷让个座好吗?"等，都是较为典型的组合式请托用语。

9. 赞赏用语

赞赏用语主要适用于人际交往之中称赞或肯定他人之时。当需要对对方使用赞赏用语时，讲究的主要是少而精和恰到好处。

在实际运用中，常用的赞赏用语大致上分为下列 2 种具体的形式。有时，他们可以混合使用。

（1）评价式的赞赏用语。它主要适用于对对方的所作所为，在适当之时予以正确评价之用。经常采用的评价式赞赏用语主要有："太好了""真不错""对极了""相当好""太棒了"等。

（2）回应式的赞赏用语。它主要适用于当对方夸奖自己之后，由后者回应对方之用。例如，"哪里""我做得不像您说得那么好"等。

（二）交谈的礼仪规范

交谈是一门艺术，交谈时既要注意谈话时的态度、措辞，顾及周围的环境、场合，更要讲究交谈的主题和方式。

1. **交谈的基本要求**

（1）态度真诚。人们用语言相互交谈，但语言并不是交谈的全部。能否打动人，使交谈顺利进行，关键取决于交谈者的态度。怀有诚意是交谈的前提。推心置腹、以诚相待才能赢得对方的信任和好感，才能为进一步的交谈创造和谐的气氛。

（2）语言要文明。作为有文化、有知识、有教养的现代人，在交谈中，一定要使用文明优雅的语言。下述语言，绝对不宜在交谈之中使用。

①粗话：有人为了显示自己为人粗犷，出言必粗。把爹妈叫"老头儿""老太太"，把女孩子叫"小妞"，把名人叫"大腕"。讲这种粗话是很失身份的。

②脏话：脏话是指讲脏话，说话骂骂咧咧，出口成脏，讲脏话的人非但不文明，而且体现了自己的素质低下、缺乏教养、更让人反感。

③黑话：黑话，即流行于黑社会的行话。讲黑话的人，往往自以为见过世面，可以此吓唬人，实际上却显得匪气十足，令人反感厌恶，难以与他人进行真正意义上的沟通和交流。

④荤话：荤话，即说话者时刻把艳事、绯闻、色情、男女关系之事挂在口头，说话"带色"，动辄"贩黄"。爱说荤话者，只不过证明自己品位不高，而且对交谈对象缺乏应有的尊重。

⑤怪话：有些人说起话来，怪里怪气，或讥讽嘲弄，或怨天尤人，或黑白颠倒，或耸人听闻，成心要以字节谈吐之"怪"而令人刮目相看、一鸣惊人。这就是所谓说怪话。爱讲怪话的人，往往难以令人产生好感。

⑥气话：即说话时闹意气，泄私愤，图报复，大发牢骚，指桑骂槐。在交谈中常说气话，不仅无助于沟通，而且还容易伤害人、得罪人。

2. 交谈的主题

交谈的主题多少可以不定，但在某一特定的时刻宜少不宜多，最好只有一个。

（1）宜选的主题。

①既定的主题：既定的主题，即交谈双方业已约定，或者其

中某一方先期准备好的主题。例如，求人帮助、征求意见、传递信息、讨论问题、研究工作一类的交谈，往往都属于主题既定的交谈。选择此类的主题，最好双方商定，至少也要得到对方的认可。它适用于正式交谈。

②高雅的主题：高雅的主题，即内容文明、优雅，格调高尚、脱俗的话题。例如，文学、艺术、哲学、历史、地理、建筑等，都属于高雅的主题。它适用于各类交谈，但要求面对知音，忌讳不懂装懂，或班门弄斧。

③轻松的主题：轻松的主题，即讨论起来轻松愉快、身心放松、饶有兴趣、不觉劳累厌烦的话题。例如，文艺演出、流行时装、美容美发、体育比赛、电影电视、旅游观光、名胜古迹、风土民情、名人轶事、烹饪小吃、天气状况等。它适用于非正式交谈，允许各抒己见，任意发挥。

④时尚的主题：时尚的主题，即以此时、此刻、此地正在流行的事物作为交谈的中心。它适合于各类交谈，但变化快，在把握上有一定的难度。

⑤擅长的主题：擅长的主题，指的是交谈双方，尤其是交谈对象有研究、感兴趣、有可谈之处的主题。须知：话题选择，在于应以交谈对象为中心。因为，交谈是意在交流的谈话，故不可只有一家之言，而难以形成交流。

（2）忌谈的主题。在各种交谈中，有 5 类主题理应忌谈。

①个人隐私：个人隐私，即个人不希望他人了解之事。在交谈中，若双方是初交，则有关对方年龄、收入、婚恋、家庭、健康、经历这一类涉及个人隐私的主题，切勿加以谈论。

②捉弄对方：在交谈中，切不可对交谈对象尖酸刻薄，油腔滑调，乱开玩笑，口出无忌，要么挖苦对方所短，要么调侃取笑对方，成心要让对方出丑，或是下不了台。俗话说："伤人之言，重于刀枪剑戟。"以此类捉弄人的主题为中心展开交谈，定将损

害双方关系。

③非议旁人：有人极喜欢在交谈之中传播闲言碎语，制造是非，无中生有，造谣生事，非议其他不在场的人士。其实，人们都知道"来说是非乾，必是是非人"。非议旁人，不证明自己待人体己，反倒证明自己少调失教，是拨弄是非之人。

④倾向错误：在谈话之中，倾向错误的主题，例如，违背社会伦理道德、生活堕落、思想反动、政治错误、违法乱纪之类的主题，亦应避免。

⑤令人反感：有时，在交谈中因为不慎，会谈及一些令交谈对象感到伤感、不快的话题以及令对方不感兴趣的话题，这就是所谓令人反感的主题。碰上这种情况不幸出现，应立即转移话题，必要时要向对方道歉，千万不要没有眼色，将错就错，一意孤行。这类话题常见的有凶杀、惨案、灾祸、疾病、死亡、挫折等。

3. 交谈的方式

交谈，究其实质乃是一种合作。因此，在交谈中，切不可一味宣泄个人的情感，而不考虑交谈对象的反应。

（1）双向共感交谈。交谈，究其实质乃是一种合作。因此在交谈中，切不可一味宣泄个人的情感，而不考虑交谈对象的反应。

社交礼仪规定，在交谈中应遵循双向共感规则。这一规则具有两重含义：第一，它要求人们在交谈中，要注意双向交流，并且在可能的前提下，要尽量使交谈围绕交谈对象进行，无论如何都不要妄自尊大，忽略对方的存在。第二，它要求在交谈中谈论的中心内容，应使彼此各方皆感兴趣，并能够愉快地接受，积极地参与，不能只顾自己，而不看对方的反应。以上第一点强调的是交谈的双向问题，第二点强调的则是交谈的共感问题。遵守这条规则，是使交谈取得成功的关键。

（2）神态专注。在交谈中，各方都希望自己的见解为对方所接受，所以从某种意义上讲，"说"的一方并不难，难就难在"听"的一方。古人曾就此有感而发："愚者善说，智者善听"。

"听"的一方在交谈中表现得神态专注，就是对"说"的一方的最大尊重。要做到这一点，应重视如下3点。

①表情要认真：在倾听时，要目视对方，全神贯注，聚精会神，不要用心不专，"身在曹营心在汉"，显得明显走神。

②动作要配合：当对方观点高人一筹，为自己所接受，或与自己不谋而合时，应以微笑、点头等动作表示支持、肯定，或"心有灵犀一点通"。

③语言要合作：在对方"说"的过程中，不妨以"嗯"声或"是"字，表示自己在认真倾听。在对方需要理解、支持时，应以"对""没错""真是这么一回事""我有同感"，加以呼应。必要时，还应在自己讲话时，适当引述对方刚刚发表的见解，或者直接向对方请教高见。这些都是以语言同对方进行合作。

（3）措辞委婉。在交谈中，不应直接陈述令对方不快、反感之事，更不能因此伤害其自尊心。必要时，在说法上应当力求含蓄、婉转、动听，并留有余地，善解人意，这就是所谓措辞委婉。例如，在用餐时要去洗手间，不宜直接说"我去方便一下"，而应说："我出去一下""我去有点事"，或者"我去打个电话"。来访者停留时间过长，从而影响本人，需要请其离开，不宜直接说："你该走了""你待得太久了"，而应当说"我不再占用你的宝贵时间了"等，均属委婉语的具体运用。

在交谈中，运用委婉语可采用以下方式。

①旁敲侧击。

②比喻暗示。

③间接提示。

④先肯定，再否定。

⑤多用设问句，不用祈使句。

⑥表达留有余地。

（4）礼让对方。在交谈之中，务必要争取以对方为中心，处处礼让对方，尊重对方，尤其是要避免出现以下几种失礼于人的情况。

①不要独白：既然交谈讲究双向沟通，那么在交谈中就要目中有人，礼让他人，要多给对方发言的机会，让大家都有交流的机会。不要一人独白，侃侃而谈，"独霸天下"，只管自己尽兴，而始终不给他人张嘴的机会。

②不要冷场：不允许在交谈中走向另一个反面，即从头到尾保持沉默，不置一词，从而使交谈变相冷场，破坏现场的气氛。不论交谈的主题与自己是否有关，自己是否有兴趣，都应热情投入，积极合作，万一交谈中因他人之故冷场"暂停"，切勿"闭嘴"不理，而应努力"救场"。可转移旧话题，引出新话题，使交谈"畅行无阻"。

③不要插嘴：出于对他人的尊重，在他人讲话时，尽量不要在中途予以打断，突如其来、不经允许地上去插上一嘴。这种做法不仅干扰了对方的思绪，破坏了交谈的效果，而且会给人以自以为是、喧宾夺主之感。确需发表个人意见或进行补充，应待对方把话讲完，或是在对方首肯后再讲。不过，插话次数不宜多，时间不宜长，对陌生人的交谈则绝对不允许打断或插话。

④不要抬杠：抬杠，它是指喜爱与人争辩，喜爱固执己见，喜爱强词夺理。在一般性的交谈中，应允许各抒己见，言论自由，不作结论，重在集思广益，活跃气氛，取长补短。若以"杠头"自诩，自以为一贯正确，无理辩三分，得理不让人，非要争个面红耳赤，你死我活，大伤和气，是有悖交谈主旨的。

五、电话礼仪

在社交活动中，电话使用频率相当高，掌握电话礼仪非常重要。

（一）电话的一般礼仪

第一，礼貌问候。

用语是否礼貌，是对通话对象尊重与否的直接体现，也是个人修养高低的直观表露。要做到用语礼貌，就应当在通话过程的始终较多地使用敬语、谦语。通话开始时的问候和通话结束时的道别，是必不可缺的礼貌用语。

通话人开口的第一句话事关自己留给对方的第一印象，因此要慎重对待。一句"您好"可以让对方倍感自然和亲切，而一张嘴就"喂喂"个不停，或者询问对方"有人吗"，甚至"单刀直入"地盘问"你找谁""你是谁""什么事啊"等，都是极不礼貌的开场白。

通话过程中，通话人应当根据具体情况适时选择运用"谢谢""请""对不起"一类礼貌用语；通话结束时须说"再见，"若通话一方得到了某种帮助，则应不忘致谢。通话结束可主动征求对方意见，询问"就谈到这里，好吗？"等对方说完放下话筒，再挂电话。

第二，心情愉悦。

打电话时我们要保持良好的心情，这样即使对方看不见你，也会被你欢快的语调感染，给对方留下极佳的印象，由于面部表情会影响声音的变化，所以，即使在电话中，也要抱着"对方看着我"的心态去应对。说话时要面带微笑，微笑的声音可以通过电话传递给对方一种温馨愉悦之感。

第三，内容简洁。

电话内容要言简意赅，把需要陈述的内容用最简洁明了的语言表达出来，给人留下一个精明干练的形象。通话忌说话吞吞吐吐，含糊不清、东拉西扯。正确的做法是：问候完毕，即开门见山，直奔主题，不讲空话、废话。

语言表达尽量简洁明白，吐字要清晰，不要对着话筒发出咳嗽声或吐痰声。措辞和语法都要切合身份，不可太随便，也不可太生硬。称呼对方时要加头衔，无论男女，都不可直呼其名，即使对方要求如此称呼，也不可过分无礼。切不可用轻浮的言语。

第四，声音清晰。

接打电话，双方的声音是一个重要的社交因素。双方因不能见面，就凭声音进行判断，个人的声音不仅代表自己的独特形象，也代表了组织的形象，所以，打电话时，必须重视声音的效果。首先，一般要尽可能说标准的普通话，因为，普通话易于沟通，且富有表现力。其次，要让声音听起来充满表现力，声音要亲切自然。使对方感受到自己是个精神饱满、全神贯注、认真敬业的人，而不是萎靡不振、灰心丧气的人。再次，说话时面带微笑，微笑的声音富有感染力，且可以通过电话传递给对方，使对方有一种温馨愉悦之感。

打电话时，要口对话筒，通话时声音不宜太大，让对方听得清楚就可以，否则对方会感觉不舒服，而且也会影响到办公室里其他人的工作。当然声音也不可过小，让人听不清楚。注意讲话语速不宜过快。

声音要充满表现力，不要无精打采、睡眼惺忪。声音质量包括：高低音、节奏、音量、语调、抑扬顿挫等方面。语调就像画图，会直接影响客户的反应。在某种意义上，声音是人的第二外貌。一个词语的发音音调的细微区别所造成的影响远远超过了我们的想象，在通电话的最初几秒钟内能"阅读"到用户声音中的许多内容。

第五，及时接听。

现代工作人员业务繁忙，桌上往往会有 2~3 部电话，听到电话铃声，应准确迅速地拿起听筒，最好在三声之内接听。电话铃声响一声大约 3 秒，若长时间无人接电话，或让对方久等是很不礼貌的，对方在等待时心里会十分急躁，从而给他留下不好的印象。即便电话离自己很远，听到电话铃声后，附近没有其他人，我们也应该用最快的速度拿起听筒，这样的态度是每个人都应该拥有的，这样的习惯是每个办公室工作人员都应该养成的。如果电话铃响了五声才拿起话筒，应该先向对方道歉，若电话响了许久，接起电话只是"喂"了一声，对方会十分不满，会给对方留下恶劣的印象。

第六，做好记录。

上班时间打来的电话几乎都与工作有关，公司的每个电话都十分重要，不可敷衍，即使对方要找的人不在，切忌只说"不在"就把电话挂了。通话时要用心听，最好边听边做笔记。在电话中交谈时应特别注意集中注意力，思想不可开小差。切不可边打电话边和身边的人交谈，这是很不礼貌的。不得不暂时中断通话时，应向对方说："对不起，请稍等一会儿。"

第七，挂电话前的礼貌。

要结束电话交谈时，一般应当由打电话的一方提出，然后彼此客气地道别，说一声"再见"，再挂电话，不可只管自己讲完就挂断电话。

（二）拨打电话的礼仪

要打一个成功的电话，首先要求内容合理简练，这不只是礼仪上的规范，而且也是控制通话长度的必要前提（图 7-2）。

第一，事先准备充分。

图 7-2　打电话

打电话应该是有明确的目的，不能无故随便拨号，这不仅是因为，打电话要付费，更主要是体现对他人的尊重，因为，打电话毕竟打扰了对方，占用别人的时间。

打电话时要有良好的精神状态，站立或坐着打电话都行，但不要躺着或歪靠在沙发上，那势必发出懒散的声音；除非在极为特殊的情况下，也不要在气喘吁吁时打电话，更不能边吃东西边打电话，这些行为是不尊重对方，缺乏礼仪的表现。拿起话筒前，应酝酿通话后该说什么，思路要清晰，简明扼要表达。如果要谈的内容很多，应征询对方是否有空，或以商量的口吻另约时间。

第二，选择时间。

打电话应当选择适当的时间。按照惯例，通话的时间原则有 2 种：一是双方预先约定通话时间；二是对方便利的时间。

一般说来，若是谈公事，尽量在受话人上班 10 分钟以后或下班 10 分钟以前拨打，这时对方可以比较从容地应答，不会有匆忙之感。除有要事必须立即通话外，不要在他人休息时间之内打电话。例如，每日早晨 7 点之前，晚上 10 点之后以及午休时间等。在用餐时拨打电话，也不合适。

拨打公务电话，尽量要公事公办，不要有闲言碎语。也不能在他人的私人时间，尤其是节假日时间里，去麻烦对方。另外，要有意识地避开对方通话的高峰时段、业务繁忙时段、生理厌倦时段，这样通话效果会更好。

第三，控制长度。

在一般通话情况下，每一次通话的具体长度应有意识地加以控制，基本的原则是：以短为佳，宁短勿长、长话短说。千万不能如泻堤之水，无话找话、滔滔不绝。

在电话礼仪里，有一条"3 分钟原则"。在打电话时，打出电话的人应当自觉地、有意识地将每次通话的长度，限定在 3 分钟之内，尽量不要超过这一限定。

第四，体谅对方。

在通话开始后，除了自觉控制通话长度外，必要时还应注意接电话人的反应。例如，可以在通话开始之时，先询问一下对方，现在通话是否方便。倘若不便，可约另外的时间再通话。倘若通话时间较长，如超过 3 分钟亦应先征求一下对方意见，并在结束时略表歉意。

第五，注意礼貌。在通话时，发话人不仅不能使用不文明的语言，而且还须铭记，有 3 句话非讲不可，它们被称为"电话基本文明用语"。它们所指的如下。

其一，在通话之初，道一声："您好！"然后方可再言其他。

其二，在问候对方后，接下来须自报家门，以便对方明确来者何人。

其三，通话结束前，主动说声"再见"，再挂电话。要是少了这句礼貌用语，就会使终止通话显得有些突兀，并使自己有礼始而无礼终。

打出电话的人在通话时，除语言要"达标"外，在态度方面也不可草率。对于接电话的人，即使是对下级，也不要厉声呵斥，态度粗暴无理；即使是对领导，也不要低三下四，阿谀奉承。

碰上要找的人不在，需要接听电话之人代找或代为转告、留言时，态度同样要文明有礼，甚至要更加客气。

通话时电话忽然中断，依礼节需由打出电话的人立即再拨，并说明通话中断由线路故障所致。万万不可不了了之，或等对方打来电话。

（三）接听电话的礼仪

根据礼仪规范，接听电话时，由于具体情况有所不同，需要分为程序要求、语调要求、持机稍候要求和代接电话要求等6个方面。

第一，接听及时。

接听电话是否及时，实质上反映着一个人待人接物的真实态度。一般要求在铃响3声内接，最好响第二声后提起电话筒。如果在响第一声就接，显得仓促，精神上准备不够，影响话音质量，还会令对方没反应过来而大吃一惊。若是在响5~6声后接，一般要向对方说明迟接的原因并致歉。

在日常生活和工作中，正常情况下，不允许不接听他人打来的电话。尤其是之前约好的电话，因为这关乎诚信问题。

第二，应对谦和。

接电话时，应努力使自己的所作所为合乎礼仪。特别要注意下列4点。

其一，拿起话筒后，即应自报家门，"你好，这里是……"。不论是家中还是公司里，自报家门和发话问好，一是出于礼貌；二是说明有人正在认真接听。

其二，在通话时，即使有急事，也要力求聚精会神地接听电话。不允许三心二意，心不在焉，或是把话筒置于一旁，任其自言自语。在通话过程中，对发话人的态度应当谦恭友好，当对方身份较低或有求于己时，更应表现得不卑不亢。

其三，当通话终止时，不要忘记道声"再见"。即使对方忽视了说"再见"的礼节，你也不能以无礼还无礼。当通话因故暂时中断后，要等候对方再拨进来，既不要离开，也不要为此而责怪对方。

第三，主次分明。

接听电话时，不要与人交谈，不要看文件、看电视、听广播、吃东西。千万不要对打出电话的人表示对方的电话"来的不是时候"，万一在会晤重要客人或举行会议期间有人打来电话，而且此刻的确不宜与其深谈，可向其简要说明原因，表示歉意，并再约一个具体时间。届时再由自己主动打电话过去。

第四，语调要求。

用清晰而愉快的语调接电话，能显示出说话人的职业风度及可亲的性格。

语调要平稳，不可时高时低，更不能时而悲泣难抑时而狂笑不止，这都是一个人不懂得自控自制的表现。

要是在通话时想打喷嚏或咳嗽，应偏过头，掩住话筒，并说声"对不起"。

第五，持机稍候要求。

原则上，谁先来电话谁优先。如恰好又有电话打进来，不得不请先来者"持机稍候"时，应先征询对方意见："您能持机稍候一会儿吗？"或"您可以持机稍候吗？"说完要等一下，待得到对方的肯定答复后再离开。到再次拿起话筒时，还要先表示一番谢意。

需请对方等候多久，不能含糊其辞，更不能弄虚作假。一定要诚实，在不确定的情况下，不要说："我马上就回来。"可以说："请等我接完那个电话马上再来。"若不能在短时间内找齐对方所需要的资料，最好不要让他久等，应另约时间回话。

第六，代接电话要求。

在日常生活里，经常有必要为家里人、公司同事及领导代接、代转电话，可以说这已是个普遍性、经常性的活动，所以代接代转电话时，尤其需要注意保持礼貌、尊重隐私、记忆准确、传达及时和注意方式 5 个方面的问题。

其一，乐于助人。同事、家人之间，方便时应互相代接电话，养成乐于助人的习惯。

其二，尊重隐私。在代接电话时，千万不要热心过度，无聊纠缠。

当别人通话时，要根据实际情况，或是埋头做自己的事，或是自觉走开，千万不可故意侧耳"旁听"，更不要主动插嘴。

其三，记录转达。对要求转达的具体内容，应认真做好笔录。一般记录他人电话时，应包括通话者单位、姓名、联系方式、通话时间、通话要点、是否要求回电话、回电话时间等等几项基本内容。在对方讲完之后，还应把要点简要重复一下，以验证自己的记录是否足够准确，以免误事。

不到万不得已时，不要把代人转达的内容，再托第二人代为转告。这样，一是可能使转答内容大变样；二是难保不会耽误时间。

（四）手机礼仪

手机是商业活动中最便捷的通信工具，手机和座机一样，也有一些事项应该特别注意。商界人士在日常交往中使用手机时，应遵守如下几个方面的礼仪规范。

1. 放置到位

手机使用者，应将其放置在适当之处。在正式的场合，切不可有意识地将其展示于人。道理其实很简单，手机只是通信工具，而绝对不能看作可以炫耀的装饰品。

按照惯例，外出时随身携带手机的最佳位置：一是公文包里；二是上衣口袋之内。穿套装、套裙时，切勿将其挂在衣内的腰带上，否则取用时，即使不使自己与身旁之人"赤诚相见"，也会因此举而惊吓对方。

2. 遵守公德

使用手机，当然是为了方便自己。不过，这种方便是不能够建立在他人的不便之上的。换而言之，公关人员在有必要使用手机时，一定要讲究社会公德，切勿使自己的行为骚扰到其他人。

在公共场所活动时，尽量不要使用手机。当其处于待机状态时，应调为静音或转为振动。需要与他人通话时，应寻找无人之处，而切勿当众自说自话。公共场所是公有共享之处，在那里最得体的做法，是人人都自觉地保持肃静。显而易见，在公共场所里手机狂叫不止，或是在那里与他人进行当众的通话，都是侵犯他人权利、不讲社会公德的表现。在参加宴会、舞会、音乐会，前往法院、图书馆或是参观各类展览时，尤须切记此点。

在工作岗位上，也应注意不使自己手机的使用有碍于工作、有碍于别人。在工作学习场合，不要让手机发出声音。尤其是在开会、会客、上课、谈判、签约以及出席重要的仪式、活动时，必须要自觉地提前采取措施，将手机调至静音。在必要时，可暂时将其关机，或者委托他人代为保管。这样做，表明自己一心不可二用，因而，也是对有关交往对象的一种尊重和对有关活动的一种重视。

3. 保证畅通

使用手机，主要的目的是保证自己与外界的联络畅通无阻，公关人员对于此点不仅必须重视，而且还需要为此采取一切行之有效的措施。

告诉交往对象自己的手机号码时，务必力求准确无误。如果是口头相告，应重复1~2次，以便对方进行验证。若改动自己的手机号码，应及时通报给重要的交往对象，免得双方的联系中断。有必要时，除手机号码外，不妨同时再告诉自己的交往对象其他几种联系方式，以有备无患。

如果未能及时接到他人的电话，也应事后及时与对方联络。不及时回复他人电话，都会被视作失礼行为。

万一因故暂时不方便使用手机时，应用短信留言，说明具体原因，告之来电者自己的其他联系方式。有时，还可采用转移呼叫的方式与外界保持联系。

4. 重视私密

通信自由是受到法律保护的。在通信自由之中，私密性，即通信属于个人私事和个人秘密，是其重要内容之一。使用手机时，对此亦应予以重视。

一般而言，手机号码不宜随便告之于人。即便在名片上，也不宜包含此项内容。因此，不应当随便打探他人的手机号码，更不应当不负责任地将别人的手机号码转告他人，或是对外界广而告之。

出于自我保护和防止他人盗机、盗码等多方面的考虑，通常不宜随意将本人的手机借与他人使用，或是前往不正规的维修点对其进行检修。考虑到相同的原因，随意借用别人的手机也是不适当的。

5. 注意安全

使用手机时，对于有关的安全事项绝对不可马虎大意。在任何时候，都不可在使用时有碍自己或他人的安全。

按照常规，在驾驶车辆时，不宜使用手机通话，这样既严重违反交通规则，也极有可能导致交通事故。

乘坐客机时，必须自觉地关闭本人随身携带的手机。因为，它们所发出的电子信号，会干扰飞机的导航系统。

在加油站或是医院里停留期间，也不准接打手机。否则，有可能酿成火灾，或影响医疗仪器设备的正常使用。此外，在标有文字或图示禁用手机的地方，均须遵守规定。

六、网络礼仪

网络礼仪是互联网使用者在网上对其他人应有的礼仪。真实世界中，人与人之间的社交活动有不少约定促成的礼仪，在互联网虚拟世界中，也同样有一套不成文的规定及礼仪，即网络礼仪，供互联网使用者遵守。忽视网络礼仪的后果，可能会对他人造成骚扰，甚至引发网上骂战或抵制等事件，虽然不会像真实世界动武般造成损伤，但对当事人也不会是一种愉快的体验。

（一）网络十大基本礼节

1. 记住别人的存在

互联网给予来自五湖四海的人们一个共同的地方聚集，这是高科技的优点，但往往也使得我们面对着电脑荧屏忘了是在跟其他人打交道，我们的行为也因此容易变得粗劣和无礼。如果你当着面不会说的话，那么在网上也不要说（图7-3）。

2. 网上网下行为一致

在现实生活中大多数人都是遵纪守法的，在网上也同样如此。网上的道德和法律与现实生活是相同的，不要以为在网上隔着电脑与人打交道就可以降低道德标准。

3. 入乡随俗

同样是网站，不同的论坛有不同的规则。在一个论坛可以做的事情在另一个论坛可能不宜做。如在聊天室打哈哈发布传言和在一个新闻论坛散布传言是不同的。最好是先爬一会儿墙头再发言，这样你可以知道坛子的气氛和可以接受的行为。

图7-3 不良的网络行为

4. 尊重别人的时间和带宽

在提问题以前，先自己花些时间去搜索和研究。很有可能同样的问题以前已经问过多次，现成的答案随手可及。不要以自我为中心，别人为你寻找答案需要消耗时间和资源。

5. 在网上给他人留个好印象

因为网络的匿名性质，别人无法从你的外观来判断，因此，你的一言一语成为别人对你印象的唯一判断。如果你对某个方面不是很熟悉，找几本书看看再开口，无的放矢只能落个灌水王帽子。同样的，发帖以前仔细检查语法和用词。不要故意挑衅和使用脏话。

6. 分享你的知识

除了回答别人的问题以外，分享知识还包括当你提了一个有意思的问题而得到很多回答，特别是通过电子邮件得到回答以后，你应该写份总结与大家分享。

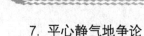
7. 平心静气地争论

争论与大战是正常的现象。要以理服人，不要人身攻击。

8. 尊重他人的隐私

别人与你用电子邮件或私聊的记录不宜随便公开。如果你认识某个人用笔名上网，在论坛未经同意将他的真名公开也不是一个好的行为。如果不小心看到别人电脑上的电子邮件或秘密，也不应该到处传播。

9. 不要滥用权力

管理员版主比其他用户有更多权力，他们应该珍惜使用这些权力。游戏室内的高手应该对新手"权"下留情。

10. 宽容

我们都曾经是新手，都会有犯错误的时候。当看到别人写错字，用错词，问一个低级问题或者写篇没必要的长篇大论时，请给他们时间进步。如果你真的想给他建议，最好用电子邮件私下提议。

（二）信息查阅的礼仪

在查阅信息的时候应当遵守以下规则。

1. 目标明确

对于所需查找的内容和相关网址，应提前做好准备，有明确的目标，以便上网后直奔"主题"。特别是不能登录色情、反动网站。很多色情、反动网站还另有黑客程序，只要打开一次后，一些黄色、反动内容、语句、图片，会自动下载到你用的电脑里，如果你对电脑不够精通的话，根本删不掉。

2. 用语规范

在网上与人交流时，应当用语规范，不能因为别人看不到你而随便使用攻击性、侮辱性的话。另外，电脑有自身独特的语言符号，应当谨慎使用，不得滥用，以免因对方不理解而导致交流受阻。

3. 自我保护

为维护自身形象、单位形象，不要以单位或部门名义在网上任意发表个人对时事的见解，尤其不能泄露商业机密、国家机密。不要随便在网上留下单位电话、个人联系方式、个人消息，以免被骚扰。

七、馈赠礼仪

中华民族素来重交情，古代就有"礼尚往来"之说。亲友和商务伙伴之间的正当馈赠是礼仪的体现，感情的物化。在正常的交际活动中，用以增进友情的合理、适度的赠礼与受礼时必要的。

（一）馈赠目的

（1）为了交际无论是个人还是组织机构，在社交中为达到一定目的，针对交往中的关键人物和部门，通过赠送一定礼品，以促使交际目的达到。礼品的选择，一个非常重要的原则就是使礼品能反映送礼者的寓意和思想感情的倾向，并使寓意和思想倾向与送礼者的形象有机地结合起来。

（2）为了巩固和维系人际关系，即"人情礼"。人情礼强调"礼尚往来"，以"来而不往非礼也"为基本准则，因此无论从礼品的种类、价值的大小、档次的高低、包装的式样、蕴含的情义等方面都呈现出多样性和复杂性。

（3）为了酬谢这类馈赠是为答谢他人的帮助而进行的，因此，在礼品的选择上十分强调其物质价值。礼品的贵贱厚薄，取决于他人帮助的性质。帮助的性质分为物质的和精神的两类。一般说来，物质的帮助往往是有形的，能估量的；而精神的帮助则是无形的，难以估量的，然而其作用又是相当大的。

（4）为了公关这种馈赠，表面上看来不求回报，而实质上其索取的回报往往更深地隐藏在以后的交往中，或是金钱，或是权势，或是其他功利，是一种为达到某种目的而用礼品的形式进行的活动。多发生在对经济、政治利益的追求和其他经济利益的追逐。

（二）馈赠礼品的礼仪

1. 精心包装

送给他人礼品，尤其是在正式场合赠送于人的礼品，在相赠之前，一般都应当认真进行包装。可用专门的纸张包裹礼品或把礼品放入特制的盒子、瓶子里等。礼品包装就像穿了一件外衣，这样才能显得正式、高档，而且还会使受赠者感到自己备受重视。

2. 表现大方

现场赠送礼品时，要神态大方自然，举止大方，表现适当。千万不要像做了"亏心事"，小里小气，手足无措。一般在与对方会面之后，将礼品赠送给对方，届时应起身站立，走近受赠者，双手将礼品递给对方。礼品通常应当递到对方手中，不宜放下后由对方自取。如礼品过大，可由他人帮助递交，但赠送者本人最好还是要参与其事，并援之以手。若同时向多人赠送礼品，最好先长辈后晚辈、先女士后男士、先上级后下级，按照次序，依次有条不紊地进行。

3. 认真说明

当面亲自赠送礼品时要辅以适当的、认真的说明。一是可以说明因何送礼，如若是生日礼物，可说"祝你生日快乐"；二是说明自己的态度，送礼时不要自我贬低，说什么"没有有准备，临时才买来的""没有什么好东西，凑合着用吧"，而应当实事求是地说明自己的态度，例如"这是我为你精心挑选的""相信你一定会喜欢"等；三是说明礼品的寓意，在送礼时，介绍礼品的寓意，多讲几句吉祥话，是必不可少的；四是说明礼品的用途，对较为新颖的礼品可以说明礼品的用途、用法。

（三）接受馈赠的礼仪

1. 受礼坦然

一般情况下，对于对方真心赠送的礼物不能拒收，因此，没完没了地说"受之有愧""我不能收下这样贵重的礼物"这类话是多余的，有时还会使人产生不愉快的感觉。即使礼物不称你心，也不能表露在脸上。接受礼物时要用双手，并说上几句感谢的话语。千万不要虚情假意，推推躲躲，反复推辞，硬逼对方留下自用；或是心口不一，嘴上说"不要，不要"，手却早早伸了过去。

2. 当面拆封

如果条件许可，在接受他人相赠的礼品后，应当尽可能地当着对方的面，将礼品包装当场拆封。这种做法在国际社会是非常普遍的。在启封时，动作要井然有序，舒缓得当，不要乱扯、乱撕。拆封后还不要忘记用适当的动作和语言，显示自己对礼品的欣赏之意，如将他人所送鲜花捧在身前闻闻花香，然后再插入花瓶，并置放在醒目之处。

3. 拒礼有方

有时候，出于种种原因，不能接受他人相赠的礼品。在拒绝时，要讲究方式、方法，处处依礼而行，要给对方留有退路，使其有台阶可下，切忌令人难堪。可以使用委婉的、不失礼貌的语言，向赠送者暗示自己难以接受对方的好意，如当对方向自己赠送一部手机时，可以告之："我已经有一台了。"；可以直截了当向赠送者说明自己之所以难以接受礼品的原因。在公务交往中，拒绝礼品时此法最为适用，如拒绝他人所赠的大额贵重礼品时，可以说，"依照有关规定，你送我的这件东西，必须登记上缴。"

八、社交禁忌

在社交场合，有许多礼仪、习俗、礼节是需要特别注意的，其中的一些东西近乎于某种禁忌，当事人最好不要触犯，否则会被认为不懂礼貌，有时甚至会导致关系的破裂。

（一）国内生活交往中的禁忌

在社会交往中，人人都希望给人以良好的印象，深受别人的欢迎，结识更多的朋友，赢得友谊和尊重。然而，要想达到这一目的，不但要讲究交往礼仪，还要注意不要触犯交往禁忌。

1. 忌开玩笑过度

朋友之间，熟人之间开开玩笑是免不了的。它不但可以活跃气氛，融洽关系，增进友谊，还可以使开玩笑的人具有幽默感。但是，凡事都有个"度"，超越了这个"度"，不但达不到预想的目的，还会弄巧成拙，适得其反，开玩笑也是如此。

开玩笑的"度"，没有固定的衡量标准。它是因人、因时、因环境、因内容而定。具体如下。

要看对象。由于人的性格、秉性各不相同，使得他们的承受能力也有所不同。有的人开朗活泼，为人豁达、大度，有的人寡言少语、谨小慎微，也有的人生性多疑。因此，同样的玩笑对有的人可以开，对有的人就不能开；对男性可以开，对女性就不能开，对青年人可以开，对老年人就不能开。如果不注意这些分别，很可能因一句玩笑而影响了人与人之间的感情。

要看时间。同一个人，在不同的时间里会有不同的心境和情绪。有时情绪好，有时情绪低落。同样一句玩笑，在对方心情开朗时，他不会计较，而当他心情坏时，就可能耿耿于怀。因此，开玩笑最好选择在大家心情都比较舒畅时。

开玩笑还要看场合和环境。一般来说，在安静的环境中，最好不开玩笑。如别人学习和工作时；在庄重、紧张的场合，不宜开玩笑。如参加庄重的会议或社会活动时；在悲哀的环境中，不应该开玩笑。如参加吊唁活动或探望病人时；在大庭广众之下，应少开或不开玩笑。

要看内容。开玩笑要讲究内容健康高雅，注意情调。切忌拿别人的生理缺陷开玩笑；忌揭别人的"疮疤"；忌开庸俗无聊、低级下流的玩笑；忌开捕风捉影、以假乱真的玩笑。不要把自己的快乐建立在别人的痛苦之上。而应在开玩笑过程中融进知识性和趣味性，使大家在开玩笑中学到知识、受到教育、陶冶情操、增加乐趣，从而收到积极的效果。

2. 忌随便发怒

喜怒哀乐，本是人之常情，也是人的内心世界的真实表现。本不足为怪，也不应干涉。然而，在社交场合却不能随意发怒。这是因为，随便发怒，至少会引起两种不良后果：一是对发怒的对象不友好，可能会伤了彼此的和气和感情，失去熟人或朋友之间的信任与友谊。二是对发怒者本人不利。俗话说"气大伤身"，发怒者会给自己的身体带来不良的影响自不必说，还要影响发怒者的自身形象。因为，人们常会认为发怒者缺乏修养，不宜深交。

那么怎样才能克制自己少发怒甚至不发怒呢？主要应做到以下几方面。

遇事冷静思考。心理学研究表明，人的愤怒情绪按其程度可以分为9个梯级：不满；气恼；愠；怒；愤懑；激愤；大怒；暴怒；狂怒。当人处在一二梯级时，还不一定发脾气，但已有发脾气的情绪基础了；在三四梯级时，脾气有点发出来了，但还能听规劝，或进行情绪转移；到五六梯级时，自我克制能力已经很差，而且已具有某种"主动进攻"的色彩；到七级以上时，脾气就发得很大了，理智几乎完全丧失，往往会造成破坏性的后果。然而人的脾气与怒火，会随着距事情发生时间的加长而出现递减的状态。因此，遇事不要急，先静下心来想一想，怒气就会大减，以致息怒。

多为他人着想。人的习惯和本能是不断地为自己的行为、信念和感情辩解。在社会交往中，有的人就不知不觉地把自己与他人分别对待。对别人比较苛求，对自己则比较宽容，久而久之就变得事事不顺心，看谁都不顺眼，进而变得易怒。对于这种人，要正确地对待他人，凡事都要从别人的立场和角度去考虑，多为他人着想，从中找出自身的弊病，以便改掉易怒的脾气。

平等待人。在我们今天的社会里，人与人之间是平等互助、互相尊重、互相理解的关系。充分认识这一点，你就能平和礼貌地与人相处，也就不会动辄对人发怒，拿别人当出气筒了。

3. 忌恶语伤人

所谓恶语是指那些肮脏污秽、奚落挖苦、刻薄侮辱一类语言。这些语言是极不文明极不礼貌的。如果在社交活动中口出恶语，不但伤害他人的感情，而且有损自身形象，会成为不受欢迎之人。

俗语说："良言一句三冬暖，恶语伤人六月寒。"在社交活动中应极力避免恶语的出现。要做到这一点，主要应从以下几方面努力。

三思而后言。在与人交谈过程中，要冷静思考，每说一句话都应经过大脑的分析，避免不假思索而出口不逊。

回避发怒的人。恶语往往出现于人的盛怒之下，因此，要避免恶语的出现，首先应做到控制自己的怒火，同时，回避正在或正要发怒的人。

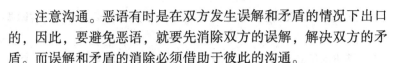

注意沟通。恶语有时是在双方发生误解和矛盾的情况下出口的，因此，要避免恶语，就要先消除双方的误解，解决双方的矛盾。而误解和矛盾的消除必须借助于彼此的沟通。

语言本是人们交流思想、传递信息和沟通情感的工具，但恶语却是损害别人尊严，刺痛别人神经和破坏相互关系的祸根，是社交之大忌。但是，只要我们每个人都从我做起，不断提高自身素质和修养，注意语言美，充分认识到尊重别人，就是尊重自己，伤害和侮辱他人的同时也贬低了自己，那么，在社会交往中就不会出现恶语伤人之事了。

4. 忌飞短流长

所谓飞短流长，意思就是说长道短，评论他人的好坏是非。这同样是社交之大忌。常言道，人与人交往贵在真诚，要以诚相见。那种当面是人背后做鬼，私下议论别人是非的做法，是不利团结的，而且会伤害朋友之间的感情，最终使你失去朋友。因此，在社会交往中要注意以下几点。

不要干涉别人的隐私。我们提倡朋友之间以诚相待，胸怀坦荡。但这并不是说个人全然没有秘密，必须把自己的一切公之于众。只要是不违背法律和道德，不损害他人利益和侵犯他人权利，每个人都可以有自己的隐私。这种隐私应该受到尊重和保护。到处刺探别人的隐私当新闻来传播的行为是不道德的，是对当事人人格的侵犯。

不要主观臆断，妄加猜测。在日常生活和工作中，有些人喜爱捕风捉影，无事生非，制造所谓的新闻。殊不知，这样做既制造了人与人之间的矛盾，也损害了当事人的名誉，不利于人与人之间正常交往的顺利进行，这种人为多数人所不齿。因此，在社会交往中要学会用善良的眼光看人，不能听风就是雨。

不要传播不负责任的小道消息。小道消息往往是未加证实的消息，有的甚至是凭空捏造的。因此，一个道德高尚、有修养、会交际的人应该自觉抵制小道消息，而不是随波逐流，津津乐道。

对朋友的过失不能幸灾乐祸。人非圣贤，孰能无过！一个人在工作和生活中出现差错和过失是在所难免的。对待朋友的错误不能熟视无睹，更不应幸灾乐祸，而应积极相助，指点迷津。这才称得上是真正的朋友。只有这样的人在社会交往中才会赢得朋友的信赖，交到更多更好的朋友。

5. 忌言而无信

社会交往中，信用二字至关重要。自古就有"一诺千金，一言百系""一言既出，驷马难追"的说法。因此，要让别人相信你，尊重你，你就必须要言而有信。

古人云："人无信，不可交"。如果言而无信，在社交场合中就不会有自己真正的朋友。而要做到言而有信，必须从以下几个方面约束自己。

对朋友以诚相待。与朋友相处要坦诚，只有牢记这一点，才能与朋友建立相互信赖的关系，朋友才会信任你。

记住自己的许诺。前面谈到的"一诺千金"，就是告诉我们，不能轻易向别人许诺，一旦许了诺，就要记住，并不遗余力地去兑现，否则，会使你失信于人。

言而有信，行而有果。一个人要时刻对自己的言行负责，说了就要做，做不到就不要说。要严守信誉，绝不食言。

（二） 国际商业交往中的禁忌

在国际商业交往中，这些禁忌尤其需要生意人予以注意。

1. 颜色的忌讳

在欧美国家，尽量少用黑色，比利时人忌讳蓝色，而巴西人则忌讳棕黄色。

2. 选用选送某种物品、图案的禁忌

例如，法国人视核桃花为不祥之物，伊斯兰教民忌讳用猪作为某种图案，瑞士人视猫头鹰为死人的象征。

3. 交往的忌讳

在一些场合，衣着要合适。与欧美人打交道时，少涉及私人性质的问题。交往中的举止要得体，与一些地方之人交谈时不要跷"二郎腿"。在一些国家，不要摸小孩头顶。在印度、印尼、阿拉伯国家，用左手与人接触或传送东西是不合适的。此外，在一些地方，笑有不同的含义，例如，在沙特阿拉伯的一个地区，笑被看做是不友好的象征。

4. 数字的忌讳

西方人把"十三"视为不吉利的数字，在许多场合尽量避免使用这个数字。南方许多生意人非常喜欢选用"八"这个数字，而忌讳用"四"这个数字。此外，"星期五"这一天也被一些基督徒视为凶日。

此外，还有一些其他方面的禁忌需要注意，如男女之间交往，尽量避免谈论女人的年龄。与阿拉伯人交往，务必尊重他们的习俗等。

模块八 出行礼仪

一、行路礼仪

一个人在日常的社会生活中，总离不开走路。道路是最基本的公共场所，当一个人行路的时候，能不能自觉地遵守行路公德，恰恰反映了他的道德水准。在这平常的"走路"中，同样包含着一系列的礼仪要求。

1. 街道行走礼仪

（1）行走路线要固定。一个人独步街头，行走的路线应尽量成为直线。如果不是寻找失物，就不要在行进中左顾右盼，东张西望。

（2）遵守行走规则。步行要走人行道，行人靠右，并且让出盲道。过马路宁停三分，不抢一秒，走人行横道、天桥或地下通道，切忌图快捷翻越绿化带、隔离栏。

（3）行走也要有风度。2人并行的时候，右者为尊；2人前后行的时候，前者为尊；3人并行，中者为尊，右边次之，左边更次之；3人前后行的时候，前者就是最为尊贵的。如果道路狭窄又有他人迎面走来时，则应该退至道边，请对方先走。路过居民住房时，不可东张西望，窥视私宅（图8-1）。

男女同行的时候，男士应该主动走在靠近街心的一边，让女士靠自己的右侧行走。恋人同行，不要勾肩搭背、搂搂抱抱，女士只能轻挽住男士手臂。街上行走时，随带物品最好提在右手

图8-1 街道行走

上，若有同龄男士在，物品应由男士代劳。

（4）约束不良行为。行走时不要吃食物。不要在路上久驻攀谈或是围观看热闹，更不能成群结队在街上喧哗打闹。

2. 上下台阶的礼仪

（1）行走讲究次序。上下台阶，应注意一步一阶，不可并排而行挡住后人；上楼梯时，应让尊者或女士走在前面；下楼梯时，尊者或女士应走在一人之后。

（2）上下注意安全。雨天地面潮湿，台阶容易湿滑，上下台阶不可推搡前面的行人或硬行抢道。

二、骑自行车礼仪

自行车是农村生活中非常重要的交通工具。为了安全，骑自行车也应注意骑行礼仪（图8-2）。

图8-2　骑自行车

（一）骑自行车的礼仪要求

（1）骑自行车要自觉遵守道路交通安全法规、交通信号和交通标志。

（2）骑自行车要礼让行人，红灯不越线，黄灯不抢行。

（3）骑自行车进出有人值守的大门，下车推行，以示尊重。

（4）骑自行车拐弯前要先做手势示意。

（5）骑自行车在机动车专用道和人行便道行驶，勾肩搭背、相互追逐、曲折行驶，在市区骑车带人和带超长、超宽物品，都是常见危险行为，要坚决杜绝。

（二）骑自行车的礼仪规范准则

（1）行人先行，礼让行人，不越线不强行。

（2）在进入有值班人员大门的时候应当下车推车进行，表示尊重。

（3）自觉按照道路交通规则行驶，注意交通信号和交通标志。

（4）拐弯的时候应当做手势提醒他人注意。

（5）当在机动车专用的道路或者人行道路行驶时，不要勾肩搭背，互相追逐，在市区人多骑车的时候应当慢行，杜绝危险行为。

（6）超越前边的自行车时要响铃警醒，超越时不猛拐被超的车；超越前面骑车者时，不从他人的右面走；骑车需打弯时，提前示意（一般是做手势），并注意身后的车辆。向左拐弯应拐大弯，不要拐小弯逆行。尽量获取周边信息以免发生不测。

（7）在人群中行走时尽量不接触他人身体，切忌用手"拨拉"人。

（8）骑自行车要严格遵守交通规则，听从警察指挥。

（9）在快慢车道隔离或有标志分开的马路上骑车，要在慢行道上鱼贯而行；在快慢车道没有隔离的马路上骑车要尽量靠右边行驶，不抢行快车道，不追逐机动车。

（10）要主动避让穿过马路的行人。通过交叉路口时不抢红灯。

（11）较多的人一起骑车要前后循序行进，不要成群结伙在马路上骑"飞车"追逐比赛；也不要好几辆车并排行驶，说说笑笑，甚至扶肩搭背，阻挡后面车辆的去路。

（12）在马路上骑车既要瞻前又要顾后。下车时要先做手势，慢行靠边下车；除了确有紧急情况外，不要随便急刹车。

（13）下车办事要将自行车停放到指定的地方，不要随意在马路上停放。

（14）要注意看路口的交通标志。有的道路是单行路，就不要逆行；有的马路不准非机动车行驶，有的马路在规定时间内是游览区、步行街，都要绕道走别的路。

三、乘轿车礼仪

乘坐轿车时，应当注意的礼仪问题主要涉及座次、上下车顺序、举止3个方面（图8-3）。

图8-3　轿车

（一）乘坐轿车的座次

在比较正规的场合，乘坐轿车时一定要分清座次的主次，而在非正式场合，则不必过分拘礼。轿车上的座次，在礼仪上来讲，主要取决于4个因素。

1. 轿车的驾驶者

主要适用于双排座，三排位轿车，由主人亲自驾驶轿车时，一般前排座为上，后排座为下；以右为上，以左为下。乘坐主人驾驶的轿车时，最重要的是不能令前排座空着。一定要有一个人坐在那里，以示相伴。由专职司机驾驶轿车时，通常仍讲究右尊左低，但座次同时变化为后排为上，前排为下。

2. 轿车的类型

吉普车，大都是4座车。不管由谁驾驶，吉普车上座次由尊而卑依次是：副驾驶座，后排右座，后排左座。4排以及4排以上座次的大中型轿车，不论由何人驾驶，均以前排为上，以后排为下，以右为尊，以左为卑，并以距离前门的远近，来排定其具体座次的尊低。

3. 轿车上座次的安全系数

乘坐轿车要考虑安全问题。在轿车上，后排座比前排座要安全得多。最不安全的座位，当数前排右座。最安全的座位，则当推后排左座（驾驶座之后），或是后排中座。

4. 轿车上嘉宾的本人意愿

在正式场合乘坐轿车时，应请尊长、女士、来宾就座于上座，这是给予对方的一种礼遇。当然，不要忘了尊重嘉宾本人的意愿和选择，并要将这一条放在最重要的位置。嘉宾坐在哪里，即应认定哪里是上座。即便嘉宾不明白座次，坐错了地方，轻易也不要对其指出或纠正。

上面的这4条因素往往相互交错，在具体运用时，可根据实际情况而定。

（二）乘坐轿车的上下车顺序

基本要求是：倘若条件允许，须请尊长、女士、来宾先上车，后下车。

1. 主人亲自驾车

要后上车，先下车，以便照顾客人上下车。乘坐由专职司机驾驶的轿车时，坐于前排者，要后上车，先下车，以便照顾坐于后排者。

2. 乘坐由专职司机驾驶的轿车

当与其他人同坐于后一排时，应请尊长、女士、来宾从右侧车门先上车，自己再从车后绕到左侧车门后上车。下车时，则应自己先从左侧下车，再从车后绕过来帮助对方。若左侧车门不宜开启，于右门上车时，要里座先上，外座后上。下车时，要外座先下，里座后下。总之，以方便易行为宜。乘坐多排座轿车，通常应以距离车门的远近为序。上车时，距车门最远者先上，其他人随后由远而近依次而上。下车时，距车门最近者先下，其他随后由近而远依次而下。

（三）乘坐轿车的举止

1. 动作要雅

在轿车上切勿东倒西歪。穿短裙的女士上下车最好采用背入式或正出式，即上车时双腿并拢，背对车门坐下后，再收入双腿；下车时正面面对车门，双脚着地后，再移身车外。

2. 要讲卫生

不要在车上吸烟，或是连吃带喝，随手乱扔。不要往车外丢东西、吐痰或擤鼻涕。不要在车上脱鞋、脱袜、换衣服，或是用脚蹬踩座位；更不要将手或腿、脚伸出车窗之外。

3. 要顾安全

不要与驾车者长谈，以防其走神。不要让驾车者听移动电话。协助尊长、女士、来宾上车时，可为之开门、关门、封顶。在开、关车门时，不要弄出大的声响，夹伤人。在封顶时，应一手拉开车门，一手挡住车门门框上端，以防止其碰人。当自己上下车、开关门时，要先看后行，不要疏忽大意，出手伤人。

四、乘公共汽车

1. 排队候车

要在指定地点候车，等车停稳后再上下车。尤其是在早晚上下班的高峰时间，人流量比较大。如果乱哄哄挤成一团，相互拥挤，既耽误了大家的时间，又容易造成一些不愉快的事情，甚至发生意外伤害事件。所以，在候车的时候应该按照到达的先后，在站点排成候车队伍，按顺序上下车。上车后主动投币或刷卡（图8-4）。

图8-4 公交车

2. 上下车要互谅、互让

上车后应将随身所带的物品放到适当位置，不要把它放在座位上或挡在过道上。在排队候车、上车的时候难免会出现一些不经意的小碰撞、小摩擦。大家应该相互体谅，碰到别人的一方要真诚地表示歉意，而另一方也不要过分计较。乘车时主动为老、弱、病、残、孕妇和抱小孩的乘客让座，当他人为自己让座时要立即道谢。

3. 车内讲究卫生，确保安全

自觉保持车站、车厢的清洁卫生，不在车站和车厢内吸烟、吐痰、乱丢废弃物，不向窗外扔垃圾。不在车内嬉戏打逗，乘车时不将头、手伸出窗外。爱护公共设施，不乱写乱画，不踩踏座椅。不要随便乱坐扶手、发动机盖、窗沿等处。确保安全，不带易燃、易爆和危险品上车，不私自开启车门，不要在车未停稳时上下车。注意保管随身物品，发现失窃应立即通知驾驶员或报警，发生危急情况，应服从驾驶员安排，及时疏散。

4. 乘客着装应齐整

尽管公交车上没有严格的着装要求，但公交车也是公共场合，在衣着方面依然应该比较注意，上下身衣着都应相对齐整。尤其是在夏天的时候，我们经常能够看到一些乘客只图凉快，穿着十分不讲究，甚至光着膀子就来坐公交车，这是非常不文明的行为。

5. 不妨碍他人

雨雪天，上车时应把雨伞折拢，雨衣脱下叠好。人多时，车上遇到熟人只要点头示意即可，不可挤过去交谈。到站前，提前向车门移动时，要向别人说"请原谅"或"对不起"。不携带未经包装的刀具、玻璃等以及家禽和其他暴露的腥、臭、污秽物品，不携带未受约束的、可能危及他人的宠物。

五、乘地铁礼仪

地铁，作为现代生活的主要交通工具，毋庸置疑，已经是我们现在出行的首选，地铁里人们的言行举止，就是一个国家国民素质的一个缩影。

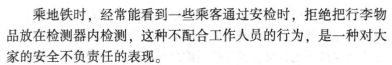

　　乘地铁时，经常能看到一些乘客通过安检时，拒绝把行李物品放在检测器内检测，这种不配合工作人员的行为，是一种对大家的安全不负责任的表现。

　　乘坐地铁应按照标志的提示排队。在站台候车时，请站在两侧的箭头内侧指示区，把中间的箭头指示区留给下站的乘客。这样才能井然有序，更节约时间。乘车时，应该让下车的旅客先下，上车的乘客再依次排队上车。上下班高峰期，乘客很多，通道窄的地方，切不可故意拥挤，一定要按顺序行走，否则，很容易发生危险（图8-5）。

图8-5　排队等候地铁

　　在地铁内，因为空间比较窄，乘客之间的间距很近，所以禁止在车厢内饮食。乘地铁时，坐姿要规范，不可把脚伸到过道，影响他人通过。特别提醒穿超短裙坐地铁的女性，入座时，一定要注意坐姿的规范。两腿要收拢、并紧，如果裙子太短，可以把手袋放在腿上稍作遮挡，否则，是很失礼的。在地铁车厢里应该保持端正的站姿，给人挺直的感觉。不要将双脚大大叉开，如果你不能保持平衡，可以抓住扶手或吊环。但注意不要将身体靠在竖立的钢杆上，或是抱住它不放，这些失礼的动作无疑会"侵占"其他乘客的空间。如果站立过久，支持不住时，可以将左脚与右脚的间距放宽些，或者将一只腿稍稍弯曲，以缓解疲劳，但腿叉开过大就显得很不雅了，而过于弯曲也容易造成身体的倾斜，妨碍到别人。

乘坐地铁不能旁若无人地随意脱鞋、脱袜；不能制造垃圾，更不能把垃圾丢在车厢内。不可一人占多席，更不可随意躺在座位上。不可大声在地铁里接打电话。

以上行为影响到其他乘客，是对其他乘客的不尊重，应当避免。遇到老、弱、病、残、孕乘客，要主动让座。女性不要在地铁内当众化妆，情侣应避免在公共场合当众拥吻。

六、乘火车礼仪

乘火车的礼仪包括候车、上车、寻位、休息、用餐、交际、下车等几个方面（图8-6）。

1. 有序候车

因火车停靠时间短，因此，乘火车要提前到站。在候车室等候时，要爱护候车室的公共设施，不要大声喧哗，携带的物品要放在座位下或前部，不抢占座位或多占座位，不要躺在座位上使别人无法休息。保持候车室内的卫生，不要随地吐痰，不要乱扔果皮纸屑。乘坐火车，均应预先购票，持票上车。如果需要进站接送亲友，则应提前购买站台票。

2. 排队上车

检票时要自觉排队，不要拥挤、插队。进入站台后，要站在

图8-6 乘火车

安全线后面等候。要等火车停稳后，方可在指定车厢排队上车。上车时，不要拥挤、插队，不应从车窗上车。有次序地进入车厢，并按要求放好行李。行李应放在行李架上，不应放在过道上或小桌上。不要在车厢内吸烟，不随地吐痰，不乱扔果皮纸屑。还要注意携带行李是有定量的。同时，要按照车票指定的车次乘车。

3. 车上就座须知

在火车上要对号入座，不要抢占认为好的座位。中途上车的话，要礼貌地征询他人，获得允许后就座。当身边有空位时，尽量让给没有座位的人，切莫图自己的舒适多占座位，更不能对他人的询问不理不睬、蒙蔽他人。发现老人、孩子、病人、孕妇、残疾人无座时，尽量挤出地方请他们也休息一下。火车上座位的尊卑顺序是：靠窗为上，靠边为下；面向前方为上，背对前方为下。

4. 休息时需要注意的礼节

由于火车行程一般较远，因此，旅客在火车上的大多数时间都是在休息。在座席车上休息，不要东倒西歪，卧倒于坐席上、茶几上、行李架上或过道上。不要靠在他人身上，或把脚跷到对面的坐席上。邻座旅客之间可以进行交谈，但不要隔着座位说话，也不要前后座说话。注意谈话的声音不要过大。在卧铺车厢上休息，可以躺在卧铺上，但要注意着装，不能脱的太暴露。头部最好向着过道方向。上铺和中铺的旅客不要长时间占用下铺床位。需要坐时，要先询问对方，得到允许后，要道谢。上下床时，动作要轻。休息时，要注意姿态得体、衣着文明，看管好自己的随身物品，管好孩子。有吸烟习惯的人，要到列车的吸烟区或两节车厢间的过道去吸烟，在车厢内吸烟是极其令人讨厌的行为。

5. 用餐须知

在餐车用餐，应节省时间。用餐后，尽快离开，以方便更多的人用餐。在车厢内用餐，也要节省时间，不要长时间占用茶几，也不要在茶几上摆放过多的食物。避免携带气味刺鼻的食物。餐后的垃圾应装在垃圾袋里面。在火车上是可以喝酒的，但只是为了促进饮食，不能像在饭店里一样推杯换盏、猜拳行令，尤其要注意的是，千万不要酗酒。由于火车所能承受的垃圾数量有限，所以，旅客最好少吃零食，尤其是一些皮壳较多的零食，不太适合在火车上食用。火车上所能携带的水量是有限的，因此，车上用水不管是饮用水还是洗漱用水，都要注意节省，不能开了龙头不关。

6. 车上交际礼仪

在火车上避免不了与他人交际，可与邻座轻声交谈。可以主动问候，报以微笑。可以谈论一些天气、民俗、娱乐信息等。要注意交谈适度，避免谈论过多的政治、隐私等内容，更要避免喋喋不休、高谈阔论。由于出门在外，大家行动上可能都有不便之处，因此，要相互关照，对于老人、女士或身体虚弱的乘客，要主动帮助他们。

7. 下车须知

下车时，要提前做好准备，避免手忙脚乱，忘记物品。如果与他人一路聊了很多，下车时要与人道别。应自觉排队等候，不要拥挤，或是踩在座椅背上强行从车窗下车。出站要主动出示车票，以便查验。

七、乘轮船礼仪

从广义上讲，乘坐轮船的主要时间是用作休息的。在休息的整个过程中，有下列几个十分重要的礼仪不应当被忽略（图8-7）。

1. 找位

在一般情况下，乘船是要对号入座的。国内客轮的舱位，大体上被分为头等舱、一等舱、二等舱、三等舱、四等舱等几种。它们大都提前售票，票价各异，对号入座，并一人一座，或一人一铺。因此，买到有座号、铺号船票的乘客，所要做的就是要对号入座。不要争抢、占据不属于自己的坐席，也不要随便同不相识者调换座号或铺号。若自己所买的是不对号的散席船票，则上船之后需要听从船员的指示、安排，前往指定之处休息。不要任意挪动或自己选择地方。

2. 自娱

在自己所属的船舱之内，可自行安排自己的活动。在可能的情况下，可进行一些具有自娱性质的活动，以便使船上生活过得更加充实有趣。通常，欣赏两岸景色，观看电视电影，收听广播，阅读书刊报纸，下棋、打扑克等，都是可自行选择的自娱活

图 8-7　乘轮船

动。与同行的亲友一起聊天、上网、散步、做游戏，也是可取的。进行自娱活动时，注意不要妨碍他人、打扰他人的休息，或因此而给他人带来不便，否则即应立刻停止。不要只图自己高兴，而令他人反感。需要他人参与娱乐活动时，一定要两厢情愿，不要勉强。对要求参与活动的人或旁观者，应表示欢迎。如有必要，在进行自娱之前，尚需征得周围人的同意，免得影响到对方。

　3.　健身

　　乘船的时间一长，往往会使人产生疲乏与不适。在这种情况下，有经验的乘客通常会进行一些健身运动。从某种意义上讲，这种健身其实也是一种特殊形式的休息。在船舱内从事健身活动时，需要考虑时间、空间是否允许。不要只管自己尽兴、舒服，而不考虑其他乘客的感觉。去健身房活动，或是去泳池游泳时，要爱惜公物、讲究公德、遵守秩序、尊重异性，不要忘乎所以、目中无人。在甲板上晒日光浴时，着装应保持在绝大多数人所能接受的程度之内。不要过分地裸露身体，更不许一<u>丝</u>不挂，把客轮当"天然浴场"。

4. 卫生

不论同一客舱里有多少人，不论其他人的表现如何，都要自觉地维护环境卫生，保持环境整洁。切勿不讲卫生，损害环境。与他人同住一个客舱时，一定不要吸烟。与不吸烟者同住时，更不能自得其乐地吞云吐雾。如果因晕船而发生呕吐，千万不要直接吐在地上，而应去洗手间进行处理，或是吐在呕吐袋内。万一不小心吐到地上，应立即将其打扫干净。对吃剩的食物、废弃的物品、果皮纸屑等，不可随手乱丢。即使将其扔到甲板上或是水中，也是很不卫生的。客舱的空间较为狭小，因此，要注意及时漱口、洗澡，以消除体味、汗臭。患有汗脚的人，应有自知之明。尽量不要脱鞋脱袜，以防脚臭熏人。

5. 睡眠

在客舱内需要更衣时，应去洗手间内进行，最好不要当众进行。睡觉前后穿衣服、脱衣服时，也要注意回避他人。当他人更衣时，应起身暂避，或目视他方，不要紧盯着对方不放。在铺位上睡觉时，一定要注意睡姿、睡相。不要衣衫不整，睡相惨不忍睹。与其他人的铺位相对、相邻或相接时，不要让身体闯入对方的范围，最好不要面对着对方。除家人之外，不要注视、打量其他任何酣然入睡的人，对异性尤其不宜如此。

八、乘飞机礼仪

飞机已成为人们常乘坐的交通工具，人们不仅乘飞机在国内出差、开会、旅行，而且还乘飞机到国外探亲、观光和访问。乘飞机需要注意以下一些礼仪（图8-8）。

图8-8　乘飞机

1. 登机前的礼仪

（1）要提前一段时间去机场。国内航班要求提前半小时到达，而国际航班需要提前一小时到达，以便托运行李、检查机票、身份证和其他旅行证件。

（2）行李要尽可能轻便。手提行李一般不要超重、超大，其他行李要托运。国际航班对行李的重量有严格限制，一般为32~64kg（不同航线有不同的规定）。如果行李超重，超重的部分要按相关规定收费。随机托运行李时尽可能将几个小件行李集中放在一个大袋中，这样可以节省时间，又避免遗失。为了避免在安全检查中耽搁时间或出现不快，应将带有金属的物品装在托运行李中。为了在国外开会时有一套整洁、挺括的衣服，大多数大型飞机上，还可以携带装衣服的挂袋，如西装挂袋，你可请空中乘务员将挂袋挂在专门的柜子里。随机托运行李的件数、样式

要记清，以便抵达时认领。

（3）乘坐飞机前要领取登机卡。有的航班在你买机票时就为你预留了座位，同时，发给你登机卡。大多数航班都是在登记行李时由工作人员为你选择座位卡。登机卡应在候机室和登机时出示。

（4）领取登机卡后，乘客要通过安全检查门。乘客应先将有效证件（如身份证、军官证、警官证、护照、台胞回乡证等）、机票、登机卡交安检人员查验，放行后通过安检门时需将电话、钥匙和小刀等金属物品放入指定位置，手提行李放入传送带。乘客通过安检门后，注意将有效证件、机票收好以免遗失，只持登机卡进入候机室等待。

（5）上下飞机时，均有空中小姐站立在机舱门口迎接乘客。她们会向每一位通过舱门的乘客热情地问候。此时，作为乘客应有礼貌地点头致意或问好。

2. 乘机时的礼仪

（1）登飞机后，乘客要根据飞机上座位的标号按秩序对号入座。

（2）飞机座位分为两个主要等级，也就是头等舱和经济舱。经济舱的座位设在靠中间到机尾的地方，占机身空间的 3/4 或更多，座位安排较紧；头等舱的座位设在靠机头部分，服务较经济舱好，但票价较高。所以，登机后购买经济舱票的人不要因头等舱人员稀少就抢坐头等舱的空位。

（3）飞机起飞前，乘务员通常给旅客示范如何使用降落伞和氧气面具等，以防出现意外时使用。当飞机起飞和降落时要系好安全带。在飞机上要遵守"请勿吸烟"的信号，同时，禁止使用手机、AM/PM 收音机、便携式电脑、游戏机等，以免干扰正常飞行，发生严重后果。

（4）飞机起飞后，乘客可看书看报或与同座交谈。如你愿意交谈，可以"今天飞行的天气真好"等开场白来试探同座是否愿意交谈，在谈话中不必通报姓名，只是一般谈谈而已。如你不愿交谈，对开话头的人只需"嗯哼"表示，或解释"我很疲倦"。

（5）在飞机上用餐时要将座椅复原，吃东西要轻一点。飞机上的饮料是不限量免费供应的。但需要注意的是，在要饮料的时候，只能先要一种，喝完了再要，以免饮料洒落。由于飞机上的卫生间有限，旅客应尽量避免狂饮饮料。

（6）由于飞机所能承受的垃圾数量有限，所以，旅客最好不自带零食，尤其是一些带壳的零食。此外，旅客不要把飞机上提供的非一次性用品带走，例如，餐盘、耳机、毛毯等。

（7）在飞机上，因为人们旅途比较劳累，为了更舒服地旅行，可以脱下鞋充分地休息。所以，脱鞋行为本身并不失礼，但是不能因为，脱鞋而"污染"空气味道，给其他旅客带来不快。解决的办法是，在乘机前换上干净的鞋子和袜子。

（8）在飞机上使用卫生间，要按次序等候，注意保持清洁。不能在供应饮食时到洗手间去，因为，餐车放在通道中，其他人无法通过。如果晕机，可想办法分散注意力，如若呕吐，要吐在清洁袋内，如有问题，可打开头顶上方的呼唤信号，"求"得乘务员的帮助。

3. 停机后的礼仪

（1）停机后，乘客要带好随身携带的物品，按次序下飞机，不要抢先出门。

（2）国际航班下飞机后要办理入境手续，通过海关便可凭行李卡认领托运行李。许多国际机场都有传送带设备，也有手推车以方便搬运行李。还有机场行李搬运员可协助乘客。在机场除了机场行李搬运员要给小费外，其他人不给小费。

模块九　公共场所礼仪

一、电梯礼仪

乘坐电梯时的礼仪细节更显个人的文明程度。进出电梯时应注意以下礼仪。

1. 注意安全

当电梯关门时，不要扒门，或强行挤入。在电梯人数超载时，如果你站在最外面，应主动退出，等下一趟，不要心存侥幸，非进去不可。当电梯在升降途中因故暂停时，要耐心等候，不要冒险攀援而出。

2. 注意出入顺序

与不相识者同乘电梯，进入时讲先来后到，出来时则应由外而里依次而出，从一边进，从一边出，秩序井然，不可争先恐后。人多时不要硬挤，应礼让为先。与熟人同乘电梯时，尤其与尊长、女士、客人、行动不方便的人同乘电梯时，应视电梯类别而定；进入有人管理的电梯，则应主动后进后出；进入无人管理的电梯时，则应先进后出，主要是为控制电梯，方便大家。如果到达同一层楼，站在最外面的人在门打开后，应立即步出电梯，为后面的人提供方便；要去高层的人不要不自觉地站在电梯口，成为其他乘客进出时的障碍。

3. 注意举止

高峰时段，在可以承载的范围内，尽量让未进入电梯的乘客进入，以节约大家的时间，不要一味按关门。电梯空间狭窄，先进入电梯的人要靠边站，不要堵在门口，进门后应面向电梯站立，尽量不与人面对面站立。电梯内禁止吸烟，不当众对镜整装。尽量避免交谈，如果碰到熟人、同事或老板，微笑着打个招呼就可以了；如果和你的同事在一起时，你认识的人上了电梯，应为他们简单介绍。在电梯里不要议论公事或私事，因为，这也是公共场所。最好脱掉帽子，调低随身听的音量，尽量不在电梯里大声打手机影响别人。不小心碰到别人，应立即致歉。避免过度使用香水和吃气味刺激的食物，以防给他人带来不适的感觉。

4. 上下有序

当电梯停下来时，要让下去的人先下去，给上来的人让出地方。若你快到想要去的楼层时应和前面的人打招呼，让其侧身让过，这既能节约时间，也是考虑周全的做法。在商场、机场或娱乐场所乘自动扶梯，一般站在原地顺其行进方向上下，并自觉靠向右侧，给有急事的人留出一条通道（图9-1）。

图9-1　乘扶梯

二、购物礼仪

到商店购物，要尊重营业员的劳动，要体谅营业员的辛苦，尽量减少对营业员的麻烦，使用文明礼貌语言。买东西，先看准样式、颜色、质量、价格等，合适了再请营业员拿来，看不清拿不准的可以先问一下。如果不合适，或者只是想看看，则不必麻烦营业员（图9-2）。

图9-2 商场购物

呼唤营业员时，语气要平和，不要用命令式口气高声呼叫。当营业员正忙于接待别的顾客时，要耐心等待，不要急不可待地高声叫喊，指手画脚或手敲柜台。

挑选商品时，不要过分挑剔，时间过久会影响营业员为别人服务。对易污、易损商品要轻拿轻放，万一自己给污损了，就应当买下来，或者赔偿。挑选后不满意时，可以请营业员把商品取回，要说一声"劳驾了"，挑选多次时，可以说一声"对不起！

给你添麻烦了"。

对态度不好的营业员，最好早一点离开，必要时，应当耐心，冷静地讲道理、说情况，实在不行的话，可以向其领导反映情况，请求帮助解决。在这种场合不可高声争执、吵闹。

调换商品，应当斟酌情况，能换则换，不应当换的则不可强求。

营业员交货、找钱等发生差错时，要善意提醒，说明情况，实在不行，可找领导解决。

超市购物注意事项：当你带着小孩一起购物时，不要让小孩乱抓货架上的商品，不能未付账前就打开食品包装吃起来；当你排队等候付账时，如果你的手推车里装满了东西，而排在后面的人只有2~3件，可以礼让一下，让他（她）先付账。购完物后，应把手推车放回原处。

三、图书馆礼仪

图书馆是公共学习场所，是知识的殿堂，是人们追求精神文化生活的地方。来这里或借阅图书资料，或查看报章杂志，都是要丰富充实自己的精神世界，提高自己的文化修养。所以，到这种场合尤其应当注意文明礼貌（图9-3）。

看书或查找资料，要遵守阅览规则，保持室内安静。不要大声说话，或在座位上交谈，以免影响他人学习，打断读者的思路。需要在这里学习一天，又自备了午餐的，可以到餐厅休息室或目录厅里去吃，不要在阅览室里大吃大嚼，以免破坏气氛，同时，对周围的读者也不礼貌。

学校和公共图书馆的综合阅览室里读者较多，早来的人不应该给晚来或有可能不来的人占座位。即使阅览室内人很少，也不能利用空座位躺卧休息。

图9-3 乡村图书馆

开架的图书杂志，阅毕要放回原处，不要使下一位读者找不到要找的书刊，同时，又增加工作人员的工作量。

在电子阅览室要爱护仪器设备，服从管理人员的管理，不能利用图书馆的电脑，进行网上非法活动和不道德活动。

借阅图书时，要按次序凭借书证借书，要看清注意事项和索书条上的要求，然后填写索书单。递交索书单后要耐心等待，不要站在出纳台前催促，以免影响工作人员的工作。

要爱护图书。不少人看书时有折角、在书上画重点号或其他标记的习惯，但对图书馆的书不能这样。至于有意把自己需要的资料、图片撕下来或"开天窗"则更为恶劣。需要资料可与工作人员接洽，图书馆一般都备有复印和复制业务为读者服务。

阅毕或者借阅期已到，应及时归还，以便别人借阅，充分发挥图书馆的利用价值。

四、影剧院礼仪

到影剧院看电影、戏剧，是一种高尚的娱乐和美的享受，观众应当在高度文明的环境中观赏演出，每位观众都应当遵守影剧院里的公共秩序，讲究文明礼貌。

到影剧院以前，应穿上整洁、庄重的服装，女士可化淡妆、喷香水，男士也应当稍作修饰。

买票要排队，不要插队，也不宜请人代买（图9-4）。

图9-4　排队买票

进影剧院要提前几分钟到场，对号入座。看电影迟到了，可请服务员引导入座，行走时脚步要轻，姿势要低，不要在人行道上停留，以免影响他人。看戏迟到最好在幕间再入座，入座时身体要下俯，要向所经过的观众道歉，说一声"对不起"。如果别人坐错了你的位子，要轻声和蔼地再请他验看一下座号，不要引起争执。必要时，可以请服务员帮助解决。遇到熟人，不要大声招呼，也不要挤过去交谈，点一下头，打一个手势就可以了。

观看时，不要吸烟，不吃带皮带核的东西，不随地吐痰，不乱扔杂物，不高声说话。要注意脱下帽子，身体不要左右摇晃，两腿不要抖动，更不要脱鞋子，引起别人讨厌。观看已经看过的影剧，不要在下边讲解、介绍、评论。热恋中的青年，应当自重，注意端庄，在公共场合过分亲昵，是不文明的，会遭人们的白眼。

要尊重演员的艺术创造。观众的掌声是对演员的最好赞扬，会使演员受到激励，发挥出更佳水平，使观众得到更好的艺术享受。演出中出现差错失误，不应嘘嘘起哄，在适当的时机给以更热烈的掌声，这掌声，体现了对演员的体谅，是对演员的爱护。演员在经常听不到掌声的剧院演出，就可能失去信心，失去进取精神。所以，在我们观剧时，对精彩的表演，要经常报以热烈的掌声，表达对演员的尊重和激励。演出结束时，要起立站在原位，热烈鼓掌，感谢全体演职人员的艺术创造和辛勤劳动。

中途没有特殊情况，不要离场。必须离开时，要等幕间，看电影不要在情节紧张、热烈时离场。离座时，要轻声地说"对不起""劳驾""借光"等，压低姿势，轻步退场。演出将结束时，不要提前起立退场，这会导致全场混乱，对演员十分不礼貌。散场时要慢慢依次退出，不要前挤后拥。

五、餐馆礼仪

餐馆是公众场所，人来人往非常频繁，所以，要特别注意自己的公众形象（图9-5）。

到餐馆去，或宴请朋友，或家庭小聚，或临时用餐，要衣着

图 9-5 餐馆

整齐、得体。任何时候都不要只穿背心、裤头或敞胸露怀进入餐馆。遇到熟人打招呼，不要大呼小叫，拍拍打打。应当走到他的身边，进行交谈。

如果没有预订位置，要请服务人员帮助安排。暂时没有位置时，应当耐心等待。确实不能久等的，可以和服务人员讲明情况，仍不可以时，宁可换个饭店，也不要发生口角。进入饭店，如有座位，应当尽快入座，以免影响他人。不要哄抢位置，不要多占位置。小件物品可以随身携带或放在桌边，如有空位，可以暂时放在凳子上，有人没有位置时，要主动把自己的物品拿起，给别人腾让位置。

要尊重服务人员的人格和劳动。对服务人员要给以配合，不要颐指气使，不随意把人呼来唤去，不提过分要求。如果出现问题，应当平静地说明情况，讲清道理。不要激动，不要暴躁。实在讲不通时，应请他们的领导来协调解决。

入座时要礼让，不要旁若无人，自己一屁股先坐下。要主动和人打招呼、问好，要尽快地选择与自己身份相当的位置坐下。在就餐时，交谈的声音不要过高，更不要大声喧闹。如果有酒助兴，也需要顾及他人和注意个人形象。不要吆五喝六，不要动作张扬，不要嬉笑打闹。更不能酗酒闹事，否则，搞得丢人现眼，让同行的人也尴尬难堪。鸡骨鱼刺吐到小盘里，不要把餐巾纸乱扔。要注意保持餐厅卫生。

用完餐后，要及时结账，及时离开，给后来的人让出位置。不要再无休止地说个没完没了。离开时不要忘记跟服务人员说声"谢谢""辛苦了""再见"。通过其他席位时，要轻捷、肃静。不要交头接耳，慢慢腾腾，甚至吆吆喝喝、前呼后拥。应该始终保持一种稳重、平和、文雅、自信的风度。

六、住宿礼仪

古人云："在家千般好，出门时时难。"一些外出者有时可借宿在亲朋好友家，在夏天甚至可以风餐露宿。但绝大多数外出者通常还是投宿在旅馆、酒店、招待所。

旅客希望旅馆清洁、舒适、安全，而旅馆希望旅客讲文明、守规矩。其实，只要双方一起努力，就能达到双方的共同心愿——旅客"出门时时安"。为此，作为一名文明旅客，应自觉遵守下列住宿礼仪。

当需要办理住宿手续，走近旅馆或酒店、招待所的服务台时，应先有礼貌地向服务台工作人员打个招呼，然后再询问是否还有客房或床位。若该旅馆已客满，应大方地向服务人员道别，再找其他旅馆。

旅客在办理住宿登记手续时，应耐心地回答服务台工作人员的询问，按旅馆的规章制度办理登记手续，住房要服从服务台的安排，有事多协商。

住进客房后应讲究卫生，不要到处乱扔果皮、纸屑，应将废弃物扔进纸篓。应爱护房内设备，不要随便移动电视的位置等，也不要在墙壁上乱涂乱画（图9-6）。

图 9-6　客房内部环境

当旅馆服务员进房间送开水时，旅客应待之以礼。当服务员进来做清洁时，旅客不妨先到室外转一转，等服务员忙完再回房间。

旅馆是公众休息的场所。旅客在酒店、宾馆、旅馆中住宿应保持安静，不要大声喧哗，不要将电视机的音量调得太大，或长时间打电话，以免影响他人休息。

作为旅客应自觉遵守酒店、宾馆、旅馆的规章制度，不要出入无常或玩到深更半夜才返回旅馆。若和其他旅客同住一室，应以礼相待，互相关照。晚上就寝不要太晚，以免影响室友休息。旅客离开酒店、宾馆、旅馆前，应及时到服务台结账，并同工作人员话别。

七、公共洗手间礼仪

洗手间的使用礼仪是最能体现出文明程度高低的。由于公共场所的洗手间也是共用的，所以，在使用时就必须遵守相关礼仪，以免影响了下一位使用者的使用。

不论男女，在洗手间都有人占用的情况下，后来者必须排队等待，一般是在入口的地方，按先来后到依序排成一排，一旦有其中某一间空出来时，排在第一位的自然拥有优先使用权，这是国际通常的惯例，而不是各人排在某一间门外，以赌运气的方式等待。

洗手间最忌讳肮脏，所以，在使用时应尽量小心，如果有污染也应尽可能加以清洁。有些人有不良习惯，不愿去善后，那就会殃及下一位使用者。女性卫生用品千万不要顺手扔入马桶以免造成马桶堵塞。其他如踩在马桶上使用，大量浪费卫生纸导致后来者无纸可用等，都是相当欠妥的行为。

有些地方的冲水把手位置和平常所见的有所不同，但一般都是在水箱旁，有的在头顶用拉绳来拉，或在马桶后方用手拉，也有一些设置在地面上用脚踩的。实际上，用脚踩的方式应该是最符合卫生标准的。如果是怕冲水时手被污染，则不妨用卫生纸包住冲水把手再按冲水。用完洗手间应该故意留下明显缝隙，让后来者不需猜测就知道里面是空的。

在飞机、轮船、游览车、火车等交通工具上，洗手间是男女共用的，男女一起排队是很正常的。这种情况下不必讲究"女士优先"。

每个地方的标记各不相同，国际上最通用的厕所标志是"WC"。也有是用图案来标示的，男厕多是：烟斗、胡子、帽子、拐杖、男士头像；女士则多以高跟鞋、裙子、洋伞、嘴唇、女士长发头像等来表示。

儿童一般是可以和父亲或母亲一起使用洗手间的。但不成文的规定是，母亲可以带着小男孩一起上女厕，没有人会介意，而父亲则不可以带女孩上男厕。

原则上，使用完洗手间必须洗手，洗手台也会有擦手纸和烘干机。一般习惯是先用擦手纸巾擦干手，把用完的纸扔入垃圾桶后，再用烘干机把手吹干。烘干机大都是自动感应并有自动定时装置的。

八、探望病人礼仪

拜访是一门学问，看望病人更是一门艺术。当亲朋好友患病时，前往探望、慰问是人之常情，是一种礼节。交谈得当会使病人心神快慰，消除忧虑，有利于早日恢复健康；如果探望者言行举止失当，哪怕一句话、一个眼神，都可能给病人带来不良影响。

1. 探望前的准备

到医院探视病人以前，可向其家属友人了解一下病人的病情和心情、饮食和休息情况以及家里的情况等，以便到病房后，有针对性地做些安慰。去时可以带些病人需要的东西，如书籍、食品、鲜花等，了解医院允许探视的时间。去医院时，换上清洁的服装，女士这时不应该浓妆艳抹，服装也不应鲜艳刺目。

2. **探望病人**

进医院，要遵守医院规定，按时间要求入内和离开。进病房要先轻轻敲门，或轻轻开门进去。到病床前，先把礼物放下，见到病人，要同平常一样自然、平静、面带微笑，主动上前握手，不宜握手时，可探身表示慰问。见到病人治疗用的针头、皮管、纱布、绷带要表现出平静的样子，切不可表现出惊讶的神态，不然病人会增加精神压力。然后坐在病人身旁或拿一个椅子坐下。

坐下后，要亲切目视病人，先问一声"今天好些吧"或"今天精神好多了"，然后再关切地询问病人病情和治疗情况。交谈中，要让病人介绍情况，自己不要滔滔不绝地唠叨。多讲些慰问、开导和鼓励的话，用乐观向上的语言给病人以精神上的鼓励，不要提及刺激病人的话题，多讲些愉快的事，使病人得到宽慰和快乐。要帮助病人增强战胜疾病的信心，积极配合医生医疗，不要再为工作、家事操心，安心治疗。

3. **适时结束**

访问探望病人的时间不宜过长，10 分钟左右即可起身告辞，问一下病人有什么需要帮助的，有什么事要帮办理的。离开前再嘱咐病人安心治疗，表示过两天再来看望。

如果是危重病人，则不应做交谈，只是探视，简单而深情地安慰、鼓励，再向病人的亲属致意以后就可告辞。不便当着病人的面交谈的，可在其亲属送到门外时再谈，以免引起病人疑虑，加重病情。

九、参观旅游礼仪

1. **参观展览**

博物馆、展览馆和美术馆等是高雅的场所，前去参观可以增长知识和提高艺术修养，因而在这种场合更要讲礼仪。

参观时要听从指挥，排队按秩序参观，不可大声喧哗，应保持参观场所的秩序。一边参观一边吃东西是不文明的举止。

展览厅内要保持安静的环境和良好的学术氛围，对讲解员的解说要专心倾听，遇到不懂的可以请教，但不要问个没完没了，惹人生厌。参观时也不要对展品妄加评论。如果你很欣赏某件展品，在不妨碍他人的情况下可以多欣赏一会儿；如果别人停住欣赏某件展品，而你不得不从他面前穿过时，一定要说"对不起"。

参观时要爱护展品，不要用手触摸，特别注意不要碰坏展品和其他设施。

对于博物馆和美术馆的特殊规定，参观者一定要遵守。

2. 旅游参观

每个参观者应爱护旅游观光地区的公共财物。对公共建筑、设施和文物古迹，甚至花草树木，都不能随意破坏；不能在柱、墙、碑等建筑物上乱写、乱画、乱刻；不要随地吐痰、污染环境；不要乱扔果皮、纸屑、杂物。

拍照时不要争抢场地，不遮挡别人镜头。如需别人避让，应有礼貌地请求。

在游览地不可喧闹，过桥、穿洞、窄路要主动让行。

在室内参观，不要大声喧哗，以免影响其他人。对讲解员、服务员要以礼相待，对他们所提供的服务要表示真心的感谢。

就餐时，要文明用餐，节约粮食，不浪费，保持就餐地点的清洁卫生。

要爱护参观场所的小动物，不要随意投喂小动物。

3. 游览寺庙四忌

名寺名庙，分布较广，是旅游者颇爱光顾游览之处，但旅游者在游历寺庙时有以下"四忌"，须牢记心头，以免引起争执和不快。

一忌称呼不当。对寺庙的僧人、道人应尊称为"师"或"法师"，对住持僧人称其为"长老""方丈""禅师"。喇嘛庙中的僧人称其"喇嘛"，即"上师"之意，切忌直称其"和尚"、"出家人"，甚至其他侮辱性称呼。

二忌礼节不当。当与僧人见面，常见的行礼方式为双手合十，微微低头，或单手竖掌于胸前、头略低，忌用握手、拥抱、摸僧人头部等不当之礼节。

三忌谈吐不当。与僧人、道人交谈，不应提及杀戮之词、婚配之事以及腥荤之言，以避免僧人反感。

四忌行为举止不当。游历寺庙时，不可大声喧哗、指点议论、妄加嘲讽或随便乱走、乱动寺庙之物，尤禁乱摸乱刻神像，如遇宗教活动，应静立默视或悄然离开。同时，照看好自己的孩子，以免因孩子无知而作出不礼貌的事。

模块十 餐饮礼仪

一、中餐礼仪

（一）桌次和位次的排列规则

中餐的席位排列，是整个中国饮食礼仪中最重要的一部分，因为关系到来宾的身份和主人给予对方的礼遇，所以，是一项重要的内容。中餐席位的排列，在不同情况下，有一定的差异，可以分为桌次排列和位次排列2个方面。

1. 桌次排列

在中餐宴请活动中，往往采用圆桌布置菜肴、酒水。在安排桌次时，所用餐桌的大小，形状要基本一致。除主桌可以略大外，其他餐桌都不要过大或过小。排列圆桌的礼宾礼序，主要有下面两种情况。

（1）双桌宴请，即由两桌组成的小型宴请。这种情况，又可以分为两桌横排和两桌竖排的形式。当两桌横排时，桌次是以右为尊，以左为次。这里所说的左和右，是由面对正门的位置来确定的。当两桌竖排时，桌次讲究以远为上，以近为下。这里所讲的远近，是以距离正门的远近衡量的。

（2）多桌宴请，是由3桌或3桌以上的桌数所组成的宴请。在安排多桌宴请的桌次时，首先根据"面门为上、以右为尊、以远为上、居中为尊"的规则确定主桌，然后根据距离主桌的远近来安排其他桌次。通常，距离主桌越近，桌次越高；距离主桌越远，桌次越低；相同距离，主桌的右侧高于左侧。

为了确保在宴请时赴宴者及时、准确地找到自己所在的桌次，可以在请柬上注明对方所在的桌次，在宴会厅入口悬挂宴会桌次排列示意图、安排引位员引导来宾按桌就座，或者在每张餐桌上摆放桌次牌。

2. 位次排列

宴请时，每张餐桌上的具体位次也有主次尊卑的分别。排列位次的基本方法有3条，它们往往会同时发挥作用。

（1）主人大都应面对正门而坐，并在主桌就座。

（2）举行多桌宴请时，每桌都应有一位主人的代表就座。位置一般和主桌主人同向，有时也可以面对主桌主人。

（3）各桌位次的尊卑，应根据距离该桌主人的远近而定，一般来说"以近为上、以远为下、以右为上，以左为下"。

根据以上位次的排列方法，圆桌位次的具体排列可以分为两种具体情况。一是每桌只有一名主人的排列方法，即每桌只有一名主位，主宾在主人右侧就座，这时每桌只有一个谈话中心；二是每桌有2个主位的排列方法，一般是主人夫妇在同一桌就座，以男主人为第一主人，女主人为第二主人，主宾和主宾夫人分别在男女主人右侧就座。这样，每桌有2个谈话中心。如果主宾身份高于主人，为表示尊重，也可以安排在主人位子上坐，而请主人坐在主宾的位子上（图10-1）。

排列便餐的席位时，如果需要排列主次，可以参照宴请时桌次的排列进行。位次的排列，可以遵循"右高左低、居中为尊、面门为上"的原则。

（二）点餐及上菜礼仪

中餐点餐应讲究色香味俱全，荤素搭配合理，菜名吉祥，主

图 10-1　宴会现场

菜价值高贵。点菜时应重视客人的口味与忌讳和宗教习俗。点餐时客人应遵循客随主便的原则。

中餐菜是一道一道分先后次序上的。上菜的一般顺序是：先上冷菜、饮料及酒，然后上熟菜，接着上主食，最后上甜点和水果。上菜的基本原则是：拼盘先上，鲜嫩清淡先上，名贵的食品先上，本店的名牌菜先上，易变形、走味的菜先上，时令季节性强的菜先上。如有 2 桌或 2 桌以上的宴席，上菜要看主桌，但上菜的数量和时间应大体一致，不可有厚此薄彼之嫌。

上菜时，如果上鱼、全猪、全羊等有头有尾的菜肴时，头的一边一定要朝向第一主宾的位置，表示对主宾的尊重。如果所上的菜配有佐料，一定要配齐再上，一般是先上佐料后上菜，也可以佐料、菜一起上。

中餐上菜的方式大体有 4 种：把大盘菜端上，由各人自取；

餐盘分让式，服务员站在客人的左侧，右手拿叉和勺，将菜分派给客人；2人合作式，将菜盘与客人的餐盘一起放在转台上，服务员用叉和勺将菜分派到客人的餐盘中；分菜台分让式，由服务员在分菜台将菜分派到客人的餐盘中。

（三）中餐的餐具及使用礼仪

1. **餐具的摆放礼仪**

中餐的餐具主要有杯、盘、碗、碟、筷、匙等。在正式的宴会上，水杯放在菜盘左上方，酒杯放在右上方。筷子与汤匙可放在专用架子上或放在纸套内。要备好牙签盒、烟灰缸。

2. **筷子的使用礼仪**

在中国几千年的饮食文化中，筷子的使用形成了基本的规矩和礼仪。在正式宴会上，筷子一定要放在筷子架上，而不应随便放在碗或杯子上。关于使用筷子，有一些禁忌，总结如下。

（1）忌舔筷。不要用筷子叉取食物放进嘴里，或用舌头舔食筷子上的附着物。

（2）忌敲筷。在等待就餐时，不能坐在桌边一手拿一根筷子随意敲打或用筷子敲打碗盏或茶杯。

（3）忌叉筷。筷子不要交叉摆放。

（4）忌插筷。用餐者因故须暂时离开时，要将筷子轻轻放在筷子架上或餐碟边上，不可插在饭碗里。

（5）忌挥筷。夹菜时，不能用筷子在菜盘里挥来挥去，更不能上下乱翻。

（6）忌碰筷。遇到别的宾客也来夹菜时，要注意避让，避免"筷子打架"。

（7）忌舞筷。用餐过程中进行交谈，不能把筷子当成道具，在餐桌上乱舞，也不要在请别人用餐时，用筷子指点他人。

每次用完筷子要轻轻地放下，尽量不要发出响声。如果不小心把筷子碰掉到地上，不需要自己捡拾，可请服务员换一双。用餐完毕，应等众人都放下筷子后，在主人请示散席时方可离座，不可自己用餐完毕，便放下筷子离席。

3. 中餐用餐礼仪

客人入席后，不要立即动手取食，也不要拿着筷子等待开餐，要等主人动筷说"请"之后方能动筷。主人举杯示意开始，客人才能用餐。如果酒量还能够承受，对主人敬的第一杯酒应喝干。中餐宴席进餐伊始，服务员送上的第一道毛巾是擦手的，上龙虾、鸡、水果时，会送上一只精美的小水盂，其中，漂着玫瑰花片或柠檬片，它是洗手用的，不可饮用。

进餐时举止要文明礼貌，在餐桌上保持良好的姿势，吃东西时手肘不要压住桌面。进餐时要细嚼慢咽，绝不能大块往嘴里塞，狼吞虎咽。不要挑食，不要只盯住自己喜欢的菜吃，或者急忙把喜欢的菜推在自己的盘子里。中国人一向以热情好客闻名于世，主人会向客人介绍菜的特点，并反复向客人劝菜，希望客人多吃点。有时热情的客人还会用公筷为宾客夹菜，这是主人热情好客的表示，出于礼节的需要，宾客应表示感谢，并根据自己的胃口适量享用。遇到自己不喜欢吃的菜，可很少地夹一点，放在盘中，不要吃掉，当这道菜再转到你面前时，你就可以借口盘中的菜还没有吃完，而不再夹这道菜，最后你应将盘中的菜全部吃掉。

一道菜上桌后，通常须等主人或主宾动手后再去取食。遇到需使用公筷或公用调羹的菜，应先用公筷将菜肴夹到自己的盘中，然后再用自己的筷子慢慢食用。夹菜时，要等到菜转到自己面前时再动筷，不可抢在邻座前面。夹菜一次不宜过多，不要刚夹一道菜放于盘中，紧跟着又夹另一道菜；也不要把夹起的菜放回菜盘中，又伸筷夹另一道菜；夹菜偶尔掉下一些在桌上，不要放回菜盘内，也不要放入口中。

进食时尽可能不咳嗽、打喷嚏、打哈欠、擤鼻涕，如果不能控制，要用手帕、餐巾纸等遮挡口鼻，转身，脸侧向一方，不要把汤碗打翻。不要发出不必要的声音，如喝汤时"咕噜咕噜"，吃菜时嘴里"吧吧"作响，这些都是粗俗的表现。不要一边吃东西，一边和人聊天。嘴里的骨头和鱼刺不要吐在桌子上，可用餐巾掩口，用筷子取出来放在碟子里。掉在桌子上的菜，不要再吃。不要用手去嘴里乱抠。用牙签剔牙时，应用手或餐巾掩住嘴。不要让餐具发出任何声响。用餐结束后，可用餐巾、餐巾纸或服务员送来的小毛巾擦擦嘴，但不宜擦头颈。

在我国对有些人而言，餐桌上的许多行为举止往往习惯成自然，但是在一个开放的社会，国际往来非常密切，每个人都要懂得尊重别人，不能一味地自行其是。或许在家中有些习惯没有什么，但在正式的宴会上，同样的饮食习惯与动作就会被视为冒犯了别人，而且被视为没有教养。

二、西餐礼仪

随着中西文化交流的深入发展，西餐已经逐渐进入了中国人的生活。在现代社会交往中，不论人们对其喜爱与否，都有可能与之"相逢"，但大部分人都对西餐礼仪知之甚少。因此，了解和掌握有关西餐的基本常识和礼仪是很有必要的。

（一）西餐的餐具

广义的西餐餐具包括刀、叉、匙、盘、杯、餐巾等。其中，盘又有菜盘、布丁盘、奶盘等；酒杯更是讲究，正式宴会几乎每上一种酒，都要换上专用的玻璃酒杯。狭义的餐具则专指刀、叉、匙三大件。刀分为食用刀、鱼刀、肉刀（刀口有锯齿，用以切牛排、猪排等）、黄油刀和水果刀。叉分为食用叉、鱼叉、肉叉和虾叉。匙则有汤匙、甜食匙、茶匙。公用刀、叉、匙的规格明显大于餐用刀叉。

1. 刀叉持法

用刀时，应将刀柄的尾端置于手掌之中，以拇指抵住刀柄的一侧，食指按在刀柄上，但需注意食指决不能触及刀背，其余三指则顺势弯曲，握住刀柄。叉如果不是与刀并用，叉齿应该向上。持叉应尽可能持住叉柄的末端，叉柄倚在中指上，中间则以无名指和小指为支撑，叉可以单独用于叉餐或取食，也可以用于取食某些头道菜和馅饼，还可以用取食那种无须切割的主菜。

2. 刀叉的使用

右手持刀，左手持叉，先用叉子把食物按住，然后用刀切成小块，再用叉送入嘴内。欧洲人使用时不换手，即从切割到送食物入口均以左手持叉。美国人则切割后，将刀放下换右手持叉送食入口。刀叉并用时，持叉姿势与持刀相似，但叉齿应该向下。通常刀叉并用是在取食主菜的时候，但若无需要刀切割时，则可用叉切割，这2种方法都是正确的（图10-2）。

图10-2　西餐

3. 匙的用法

持匙用右手，持法同持叉，但手指务必持在匙柄之端，除喝汤外，不用匙取食其他食物。

4. **餐巾用法**

进餐时，大餐巾可折起（一般对折）折口向外平铺在腿上，小餐巾可伸直直接铺在腿上。注意不可将餐巾挂在胸前（但在空间不大的地方，如飞机上可以如此)。擦拭嘴时需用餐巾的上端，并用其内侧来擦嘴。绝不可用来擦脸部或擦刀叉、碗碟等。

（二）西餐进餐礼仪

因为西餐主要是在餐具、菜肴、酒水等方面有别于中餐，因此参加西餐宴会，除了应遵循前述中餐宴会的基本礼仪之外，还应分别掌握以下几个方面的礼仪知识。

1. **餐具使用的礼仪**

吃西餐，必须注意餐桌上餐具的排列和置放位置，不可随意乱取乱拿。正规宴会上，每一道食物、菜肴即配一套相应的餐具(刀、叉、匙)，并以上菜的先后顺序由外向内排列。

进餐时，应先取左右两侧最外边的一套刀叉。每吃完一道菜，将刀叉合拢并排置于碟中，表示此道菜已用完，服务员便会主动上前撤去这套餐具。如尚未用完或暂时停顿，应将刀叉呈"八"字形左右分架或交叉摆在餐碟上，刀刃向内，意思是告诉服务员，我还没吃完，请不要把餐具拿走。

使用刀叉时，尽量不使其碰撞，以免发出大的声音，更不可挥动刀叉与别人讲话。

2. **进餐礼仪**

西餐种类繁多，风味各异，因此，其上菜的顺序，因不同的菜系、不同的规格而有所差异，但其基本顺序大体相同。一餐内容齐全的西菜一般有 7~8 道，主要由这样几部分构成：

（1）饮料（果汁）、水果或冷菜。饮料、水果或冷菜又称开胃菜，目的是增进食欲。

（2）汤类（也即头菜）。需用汤匙，此时一般上有黄油、面包。

（3）蔬菜、冷菜或鱼（也称副菜）。可使用垫盘两侧相应的刀叉。

（4）主菜（肉食或熟菜）。肉食主菜一般配有熟蔬菜，此时，要用刀叉分切后放餐盘内取食。如有色拉，需要色拉匙、色拉叉等餐具。

（5）餐后食物。一般为甜品（点心）、水果、冰淇淋等。最后为咖啡，喝咖啡应使用咖啡匙、长柄匙。

进餐时，除用刀、叉、匙取送食物外，有时还可用手取。如吃鸡、龙虾时，经主人示意，可以用手撕着吃。吃饼干、薯片或小水果，可以用手取食。面包则一律手取，注意取自己左手前面的，不可取错。取面包时，左手拿取，右手撕开，再把奶油涂上去，一小块一小块撕着吃。不可用面包蘸汤吃，也不可一整块咬着吃。

喝汤时，切不可以汤盘就口，必须用汤匙舀着喝。姿势是：用左手扶着盘沿，右手用匙舀，不可端盘喝汤，不要发出吱吱的声响，也不可频率太快。如果汤太烫时，应待其自然降温后再喝。

吃肉或鱼的时候，要特别小心。用叉按好后，慢慢用刀切，切好后用叉子进食，千万不可用叉子将其整个叉起来，送到嘴里去咬。这类菜盘里一般有些生菜，往往是用于点缀和增加食欲的，吃不吃由你，不要为了面子强吃下去。

餐桌上的佐料，通常已经备好，放在桌上。如果距离太远，可以请别人麻烦一下，不能自己站起来伸手去拿，这是很难看的。

吃西餐时相互交谈是很正常的现象，但切不可大声喧哗，放声大笑，也不可吸烟，尤其在吃东西时应细嚼慢咽，嘴里不要发出很大的声响，更不能把刀叉伸进嘴里。至于拿着刀叉在别人面前挥舞，更是失礼和缺乏修养的行为。

吃西餐还应注意坐姿。坐姿要正，身体要直，脊背不可紧靠椅背，一般坐于座椅的 3/4 即可。不可伸腿，不能跷起二郎腿，也不要将胳膊肘放到桌面上。

饮酒时，不要把酒杯斟得太满，也不要和别人劝酒（这些都不同于中餐）。如刚吃完油腻食物，最好先擦一下嘴再去喝酒，免得让嘴上的油渍将杯子弄的油乎乎的。干杯时，即使不喝，也应将酒杯在嘴唇边碰一下，以示礼貌。一次礼貌的饮酒程序为：一是举起酒杯，双目平视，欣赏色彩；二是稍微端近，轻闻酒香；三是小啜一口；四是慢慢品尝；五是赞美酒好、酒香。

总之，西餐既重礼仪，又讲规矩，只有认真掌握好，才能在就餐时表现得有风度。

三、自助餐礼仪

自助餐是由宾客自行挑选，拿取或自烹自食的一种就餐形式。这种就餐形式可以免去食客点菜的麻烦，不受约束地挑选自己喜欢的食物，并且不用顾及别人的口味，打破了传统的就餐形式，被越来越多的人所接受（图 10-3）。

1. 排队取菜

在就餐取菜时，由于用餐者往往会成群结队地去选取，所以应该自觉地维护公共秩序，讲究先来后到，排队选取。轮到自己取菜时，应用公用的餐具将食物装入自己的食盘内，然后迅速离去。切勿在众多的食物面前犹豫，让身后的人久等，更不应该在取菜时挑挑拣拣，甚至直接下手或用自己的餐具取菜。另外，不

图10-3　自助餐

可以自作主张地为他人直接代取食物。

2. 循序取菜

在自助餐上，如果想要吃饱吃好，那么在取用菜肴时，就一定要先了解合理的取菜顺序，然后循序渐进。按照常识，一般取菜的先后顺序依次是：冷菜、汤、热菜、点心、甜品和水果。所以，在取菜时，最好先在全场转一圈，了解一下情况，然后再去取菜。

3. 量力而行

吃自助餐时，遇上自己喜欢吃的东西，只要不会撑坏自己，完全可以放开肚量，尽管去吃，不必担心别人会笑话自己。不过应当注意的是，在根据自己口味选取食物时，必须要量力而行。切勿为了吃得过瘾，而将食物狂取一通，结果力不从心，吃不完，导致食物的浪费。

4. 多次少取

在自助餐上，应遵循"多次少取"的原则，即：选取某一类的菜肴每次应当只取一小点，待品尝之后，如感觉不错可以再取，反复去也不会引起非议，直至自己吃好了为止。而且最好每次只为自己选取一种，等吃好后，再去选取其他的品种。

5. 避免外带

所有的自助餐，都有一条不成文的规定，即自助餐只允许宾客在用餐现场里自行享用，而不允许用餐完毕后将食物打包携带回家。

6. 送回餐具

自助餐强调自助，不但要求就餐者取用菜肴时以自助为主，而且还要求其善始善终。在用餐结束后，要自觉地将餐具送至指定之处，或将餐具稍加整理后放在餐桌之上，由服务生负责收拾。

四、敬酒礼仪

酒在宴请中常常会用到，作为迎宾送客、聚朋会友的一种交际媒介，它起到传递信息，交流情感，促进彼此沟通的作用。敬酒是指在正式宴会上，由主人向来宾提议，提出某个事由而饮酒。在饮酒时，通常要讲一些祝贺、祝福类的话，有时主人和主宾还要发表一篇专门的祝酒词，因此，敬酒也称为祝酒。祝酒词力求简短，正式祝酒词以控制在5分钟内为宜（图10-4）。

（一）斟酒规范

敬酒前，一般由主人或服务人员来斟酒。斟酒要从位高者开始，按逆时针依次进行。斟酒时，右手持酒瓶，商标要让客人看

图 10-4　敬酒

清楚，从客人的右边直接往杯子里倒。斟酒时注意，瓶口不能碰到酒杯，白酒和啤酒可以斟满，其他洋酒则不用斟满。

别人斟酒的时候，宾客要端起酒杯致谢，必要的时候应该起身站立。如果不需要酒了，可以把手挡在酒杯上，说声"不用了，谢谢"，也可以回敬以"叩指礼"，即以右手拇指、食指、中指捏在一起，指尖向下，轻叩几下桌面表示对斟酒的感谢。

在正式场合，斟啤酒和葡萄酒时，不能手持酒杯，并且要注意啤酒泡沫要与杯口齐平，不能有溢出。

（二）敬酒时机

在敬酒时间的选择上，主要考虑不影响宾客用餐。正式敬酒一般是在宾主入席后，用餐开始前，由主人先向来宾集体敬酒，敬酒时，还要说规范的祝酒词。

普通敬酒只要是在正式敬酒之后就可以开始了，各个来宾和主人之间或者来宾之间可以互相敬酒，但要注意选择对方方便的时候去敬酒，如果对方正在咀嚼食物，或正在跟别人热情交谈，或正向其他人敬酒，这时就不方便去敬酒。

（三）敬酒顺序

敬酒前需要仔细斟酌敬酒的顺序，一般情况下，按年龄大小、职位高低、宾主身份来定先后。和不熟悉的人在一起喝酒，要先打听一下对方的身份或是留意别人对他的称呼，当不清楚对方的身份和职位高低的时候，可按统一的顺序敬酒，以免出现尴尬。例如，可从自己身边开始按顺时针方向敬酒，或是从右到左、从左到右进行敬酒等。

如果同时向某一个人敬酒，应该等身份比自己高的人敬过之后再敬。

（四）敬酒的举止要求

主人或来宾如果是在自己的座位上向集体敬酒，则要站起身，面带微笑，手拿酒杯，端酒时身要直，腰要挺，面朝大家敬酒并说祝酒词。敬酒态度要热情、大方。

当主人或来宾敬酒、说祝酒词的时候，宾客应该停止用餐，安静倾听，当有人提议干杯的时候，所有人应起身并端起酒杯，互相碰一碰。按国际惯例，敬酒不一定要喝干，如因各科原因不能喝酒，也要拿起酒杯在唇上碰一下，以示敬意。

来宾和主人之间或者来宾之间相互敬酒时，可以说一两句简单的祝酒词或劝酒词。当别人向你敬酒时，要把酒杯举到双眼的高度，待对方说了祝酒词或"干杯"之后再喝。喝完后，还要手拿酒杯和对方对视一下，这一过程才结束。

当有人向自己热情敬酒时，不要东躲西藏，更不要把酒杯翻过来，或将他人所敬的酒悄悄倒在地上。通常拒绝他人敬酒有3种方法：一是主动说明不饮酒原因，以其他酒水象征代替。二是当敬酒者为自己斟酒时，用手轻轻敲击酒杯的边缘，这样做的意思就是"我不喝酒，谢谢"。三是让对方在自己面前的杯子里稍许斟一些酒，然后轻轻以手推开酒瓶。按照礼节，杯子里的酒是可以不喝的。

敬酒要适可而止，不能强行劝酒、逼酒，灌酒，或者偷偷地在他人的饮料里倒烈性酒。在中国，敬酒的时候还要注意因地制宜、入乡随俗。例如，我国大部分地区特别是东北、内蒙古等北方地区，敬酒的时候往往讲究"端起即干"，在他们看来，这种方式才能表达诚意、敬意。而对于有的民族或地区则不允许敬酒，甚至不能上酒。

（五）干杯礼仪

干杯是指饮酒时，以某种方式劝说或是建议对方与自己同时饮酒。干杯往往需要喝干杯中的酒。干杯者通常在干杯时还要相互碰一下酒杯，所以，干杯又被称为碰杯。

当有人提议干杯时，可以用右手拿酒杯起身站立，也可用右手拿起酒杯后，再以左手托扶其杯底，微笑目视自己的祝福对象，同时，说祝福或感谢的话。如感谢领导的指导，祝双方合作成功、对方工作顺利、生活幸福、身体健康、节日快乐等。干杯前，可以象征性地和对方碰一下酒杯，注意不要用力过猛。碰杯时，出于敬重之意，应该让自己的酒杯低于对方的酒杯，如果是领导，则不要放得太低，给别人留点空间。如果与对方距离太远，也用酒杯杯底轻碰桌面，也可以表示和对方碰杯。

五、茶会礼仪

有客来访，待之以茶，以茶会友，情谊长久。这是我国传统的待客方式。茶会在我国有着悠久的历史。最早的茶会是为了进行交易和买卖。后来，茶会推而广之，成为一种用茶点招待宾客的社交性聚会形式。茶会既属于宴请的一种形式，又属于会议的一种，因而，它具有宴请和会议的双重特点，从而在形式上较为自由，在气氛上更为融洽。在公务活动中，茶会主要是以交流思想、联络感情、洽谈业务、开展公务等为目的。茶会礼仪，就是指人们在各种茶会活动中应遵守的礼仪。

（一）茶会准备礼仪

茶会准备礼仪，是指茶会组织者在茶会准备阶段应遵守的礼仪。

1. 正确拟定茶会的形式

茶会形式多种多样，有品茶会、茶话会、音乐茶座等。一般庄重、高雅的茶友间相聚多用品茶会；单位集体座谈某种事项用茶话会；娱乐、消遣性聚会宜安排音乐茶座。

2. 选择合适的茶具

在招待客人时，茶具应有所讲究。从卫生健康角度考虑，泡茶要用茶壶，茶杯要用有柄的，不要用无柄茶杯。这样做的目的是避免手与杯体、杯口接触，传播疾病。茶具一般应选择陶质或瓷质器皿。陶质器皿以江苏宜兴的紫砂茶具为佳。不要用玻璃杯，也不要用热水瓶代替茶壶。如用高杯（盖杯）时，则可以不用茶壶。有破损或裂纹的茶具是不能用来待客的。

3. 选择合适的茶叶

由于是茶会，客人对茶叶的要求可能较高。不同的地区饮茶的习惯不同，应准备的茶叶也就不尽相同。广东、福建、广西、云南一带习惯饮红茶，近几年受港澳台影响，饮乌龙茶的人也多了起来。江南一带饮绿茶比较普遍，北方人一般习惯饮花茶，少数民族地区大多习惯饮浓郁的紧压茶。就年龄来讲，一般地说，青年人多喜欢饮淡茶、绿茶，老年人多喜欢饮浓茶、红茶。不同情况下，应准备不同的茶叶，但都应该有特色。

4. 布置要得当

品茶会布置要有地方特色，对茶叶和茶具的准备和摆布都有讲究。茶话会则比较随便一些，可加摆糖果、瓜子等。音乐茶会更加自由、活泼，乐曲准备比茶更重要，有时可以用饮料代茶。

（二）茶会进行的礼仪

1. 茶会开始

主持人应热情致辞欢迎应邀者光临，并讲明举办茶会的目的和内容。一般来说，茶会就座比较自由，也不要求有严格的顺序，可随感而发，即席发言。当比较生疏的客人发言时，主持者应介绍发言人的身份，以便大家有所了解。

2. 奉茶的时机

奉茶，通常是在客人就座后，开始洽谈工作之前。如果宾主已经开始洽谈工作，这时才端茶上来，免不了要打断谈话或者因放茶而移动桌上的文件，这是失礼的。值得注意的是，喝茶要趁热，凉茶伤胃，茶浸泡过久会泛碱味，不好喝，故一般应该在客人坐好后再沏茶。

3. 奉茶的顺序

上茶时一般由主人向客人献茶，或由接待人员给客人上茶。上茶时最好用托盘，手不可触碗面。奉茶时，按先主宾后主人，先女宾后男宾，先主要客人后其他客人的礼遇顺序进行。不要从正面端茶，因为，这样既妨碍宾主思考，又遮挡视线。得体的做法是：应从每人的右后侧递送。

4. 斟茶的礼仪

在斟茶时要注意每杯茶水不宜斟得过满，以免溢出洒在桌子上或客人衣服上。一般斟七分满即可，应遵循"满杯酒半杯茶"之古训。

5. 续茶的礼仪

茶会中陪伴客人品茶要随时注意客人杯中茶水存量，随时续茶。应安排专人给客人续茶，续茶时服务人员走路要轻，动作要稳，说话声音要小，举止要落落大方。续茶时，要一视同仁，不能只给一小部分人续，而冷落了其他客人。如用茶壶泡茶，则应随时观察是否添满开水，但注意壶嘴不要冲着客人方向。

6. 饮茶的礼仪

不论客人还是主人，饮茶要边饮边谈，轻啜慢咽。不宜一次将茶水饮干，不应大口吞咽茶水，喝得咕咚作响。应当慢慢地一小口、一小口地仔细品尝。如遇飘浮在水面上的茶叶，可用茶杯盖拂去，或轻轻吹开，切不可从杯里捞出来扔在地上，更不要吃茶叶。

（三）茶会结束时的礼仪

茶会进行到一定程度后，主人要适时地宣布茶会到此结束。茶会结束时的礼仪类同于前面所讲宴会结束时所应注意的礼仪。主人应站在门口恭送客人离去，并说些道别的客气话。

六、集会礼仪

集会是指通常所说的开会。作为研究和讨论相关问题、传达上级指示与精神的一种社会活动，集会是一种基本的工作方式。无论是组织会议，还是参加会议，都应当遵守一定的礼仪规范。只有了解并熟知相关的礼仪，才能在组织会议时提高会议的效率，在参加会议时表现出应有的素质与形象。

具体而言，集会礼仪表现在会议的组织、会议的参加和会风的端正这3个环节。在集会中，应当对这3个方面的内容予以全面的把握。

（一）会议的组织

一次集会能否高效进行、圆满完成，在很大程度上取决于会议组织者的组织工作是否周到、认真。为了确保会议的成功，无论在会议进行前、进行中还是进行后，务必遵守一定的组织规范，掌握一定的组织技巧。

1. 集会前的工作

在会议的准备阶段，大致应当遵守以下几条。

（1）要确定会议主题。所谓会议主题，即会议的指导思想和中心任务。会议的主题是会议方式、内容、议程、人员等有关环节的先决条件。只有首先明确了会议的主题，才能使会议的各项组织工作具备明确的目标，并能够按部就班地顺利开展。

（2）要组成会务小组。为了确保会议的顺利召开，主办方应当尽快组成一个会务小组，以便分头行动，节约人力物力，提高工作效率。会务小组成员不宜过多，以免人浮于事。成员的分工要明确，大家各司其职。成员之间要定期沟通，及时解决随时可能出现的问题。

（3）要草拟会议文件。任何会议都需要组织者拟定各种文件，包括会议通知函、主题报告、会议议程表、新闻通稿，等等。会议文件不仅是主办方记录会议内容的必要方式，同时，也是与会者参加会议的有效指南。因此，会议文件务必明确、易懂。

（4）要做好会场安排。在会议现场，往往会有许多具体而且琐碎的工作需要主办方提前考虑和安排。例如，会议使用的音响、照明、投影、摄像、空调等设备的放置与检测，会场背景、主席台、群众席、接待席、记者席的布置，笔记本、饮料、鲜花的配备以及工作人员的安排与分工等。这些具体工作的完成情况，直接向与会者反映着主办方的诚心与组织能力，因此，须引起高度重视。

（5）要布置会场座次。在会议中，座次的准确排位是向与会各方表达尊重之意、使会议顺利进行的关键环节。座次安排的失误有可能引起与会者的不满和抗议。

会场座次的安排因会议规模的大小不同而有所区别。

一类是小型会议。举办小型会议时，由于与会人数较少，因此不必专门设立主席台，全体人员均围桌而坐。但与会者之间的排座仍应遵守一定之规，主要有以下 3 种排位方式。

第一，面门设座。会议主席就座于面对会议室正门之位，其他与会者在其两侧自左而右依次落座。

第二，依景设座。会议主席背依会议室内的主要景致，如壁画、讲台等，其他与会者同"面门设座"方式在其两侧自左而右依次落座。

第三，自由择座。由于人数较少，与会者可不讲究座次的排列，大家自由择座。当与会者身份、职位都大体相当时，尤其适合此种排位方式。

另一类是大型会议。举办大型会议时，一般都要分设主席台和群众席，其中主席台还分设发言席和主持人席。主办方应对其分别排位。

安排主席台位次时，组织者要对主席团成员的身份和职位作详细的了解和比较，据此作出合理的安排。一般而言，主席台位次的尊卑顺序是：中央高于两侧；前排高于后排；左侧高于右侧。具体来说，排座时又有单数和双数之别。

会议进行中，为了让与会者听清发言，并且表示对与会者的尊重，发言者应当起立而不宜落座。因此，发言席的安排尤为重要。一般而言，发言席可设于主席台的正前方，也可设于主席台的右前方。

主持人的排座也有一定之规。一般而言，主持人的落座之处有 3 种选择：一是在前排正中央；二是在前排两侧的任一侧；三是按其身份所排之座，但不宜就座于后排。

在大型会议中，与会者一般都就座于群众席，因此群众席的排座有着较高的难度。一般而言，与会者在群众席上可按单位、部门或者地位、行业分别就座，跨地区的会议可按地区就座。不同归属的座位安排依据可以是与会单位、部门、行业、地区的汉字笔画的多少、汉语拼音字母的前后，也可以按地位的高低进行排座。群众席若以前后方向排座，一般以前排为高。如果在同一排有多家单位就座，则可以面对主席台为基准，自左而右进行竖排。

此外，如果对与会者的排位确实存在较多的困难，或者会议本身并不具有很强的纪律性要求，与会者可采取自由择座的方式，即对位次不进行统一安排，大家在群众席上可随意落座。

2. 集会中的工作

会议举行当日，会议组织者应当各就各位，一丝不苟地完成所在岗位的工作任务。

（1）会议签到。为了明确实际到会人员，控制到会人数，严肃会场纪律，与会者进入会场前一般应在会场入口处签到。主办方应特设签到处和签到服务人员。正式参加会议者与记者应当分别签到。为便于了解与会人员实际情况和会后通讯录的制作，签到内容除与会者的签名之外，还应当包括与会者的基本资料，如职务和联系方式等。

（2）会议服务。在会议举行期间，主办方一般应安排专人在会场内外负责迎送、引导、陪同与会人员，对各种实际困难进行及时处理和解决。会议中，服务人员应当及时准备和更换与会者的饮料和纸笔。时间较长的会议，应专门设立休息室，休息室内应准备一定的座椅、食物和饮料等。如有必要，还应该为外来的与会者提供食宿、交通的便利。

（3）会议记录。为了便于会后的工作总结与回顾，重要的集会都应当做好相应的会议记录。会议记录大多采取笔录方式，辅以机录方式，由专人负责。会议记录应当包括会议名称、出席人数、时间地点、讨论事项、发言内容、临时动议、选举表决以及记录员姓名等内容。

3. 集会后的工作

会议结束后，主办方切不可认为已经大功告成，而应当继续完成必要的后续工作。这里所说的后续工作大致包括以下主要内容。

（1）协助返程。会议结束后，主办方应尽量向与会者提供返程的便利条件。例如，为本地区的与会人员提供交通工具等。对于远道而来的客人，更应主动为对方订购返程的车票、机票和船票，并派专人为其送行。

（2）材料处理。会议结束后，应当根据有关规定对会议期间所征集、制定或发布的图文与声像材料进行细致的收集和整理。应该汇总的材料要及时汇总，应该存档的材料要妥善存档，应该销毁的材料则要确认销毁。对于与会人员上交的材料，要认真对待，该归还的要及时归还，不可置之不理。

（3）会场整理。会议结束后，要对会场进行必要的整理，以便日后使用。未用的会议用品、礼品，要全部上交会务小组，统一处理，切不可挪为私用。租用的仪器设备，要认真检查有无损坏，并及时交还。会场的装饰物件要及时撤下回收，以备他用。

（4）会议总结。如有必要，应对会议进行文字总结。所做总结除存入档案之外，还应给与会人员人手一份，以示纪念。会议期间的留影、通讯录也应随总结一并寄交与会人员。如果在会议上形成了重要决议，更应及时下发或公布。

（二）会议的参加

一般而言，出席集会时，应当严格遵守的规范主要有以下几项。

1. 规范着装

着装体现着一个人的素质修养、审美情趣，在参加各类集会时务必对自己的着装多加注意。尤其是在参加重要的、大型的集会时，着装是否规范直接反映与会者对本次会议以及主办方的尊重与否。如果着装过于随便，将直接影响与他人的交际以及他人对本单位的看法。作为有一定身份的与会者，或是在主席台上就座的公关人员往往是会议瞩目的焦点，因此更须对自己的着装慎重考虑。

具体而言，在参加集会时，所着之装应力求庄重、保守、素雅。正规的制服，深色套装、套裙，或是较为正式的长衫、长裙、长裤，都是合适的选择。切勿随便穿着夹克衫、T 恤衫、牛仔裤、健美裤、超短裙、短裤、拖鞋等极不正规的便装参加会议。

2. 专心听讲

在参加会议的过程中，自己不发言时，应当专心听取他人发言，认真领会会议精神。专心听讲，是对发言者表示尊重的必要表现。

要做到专心听讲，首先必须保持安静，不得大声喧哗，或者与他人交头接耳、窃窃私语。随身携带的手机、呼机应调成振动或直接关闭，尤其不得在会议进行时当众接打电话；其次应检点自己的神情举止，做到洗耳恭听。摇头晃脑、指指点点、哈欠连天、瞌睡打盹、读书看报、东张西望、传递纸条、反复看表，甚至随意走动都是破坏会场气氛和自己形象的不宜表现。

3. 遵守会纪

参加集会时，与会者应当对特定的和一般的会议纪律予以严格遵守。前者大多指主办方为了保证会议的顺利进行而对会议主题、会议议程、会议服务等所做的特别规定，与会者要切实遵循大会的这些规定，不可自作主张。例如，有的会议禁止携带照相机入场，与会人员就不能为了"留个纪念"而破坏纪律。后者则包括一系列约定俗成的会议纪律。尽管大会未必会对此做明文规定，但与会者同样应当予以严格遵守。例如，为了保持会场秩序，与会人员必须自觉遵守时间方面的有关规定。要尽量做到准时到会，不迟到不早退。在会上进行发言时，要遵守大会关于发言时间的限制规定，不得强行拖延时间。

4. 掌握技巧

在集会中，与会人员为了向他人表示尊重之意，往往要采用特定的言行表达方式，并且掌握一定的技巧。例如，鼓掌是会议中常用的礼节，但与会人员不宜滥用鼓掌。只有在会议开幕、闭幕，发言开始、结束，嘉宾登台、离去以及所发之言鼓舞人心时，方可鼓掌。鼓掌不合时宜，就会被人理解为起哄、捣乱。鼓掌者要把握鼓掌时间，除非情况特殊，一般不宜持续过久。鼓掌者在鼓掌时应在举止、神情上予以配合，例如，面含微笑、正视对方等，不可漫不经心、心不在焉。再如，会议进行中，如果与会者确有暂时离开的必要，就必须尽可能不要使自己离开的行为影响到他人的听讲，一般应当弓身从会场一侧悄然离开。待事情处理完毕后，再以相同方式回到原位。

参考文献

鲍小平，冯国华．2014．新农村现代实用礼仪［M］．北京：中国农业出版社．

陈中建，倪德华，金小燕．2016．新型职业农民素质能力与责任担当［M］．北京：中国农业科学技术出版社．

吕文林，孙午生．2012．新型农民素质与礼仪［M］．北京：中国农业出版社．

聂丽芬．2011．中国农民礼仪知识读本［M］．南昌：江西美术出版社．

于慎兴，李应虎．2015．新型职业农民素质教育与礼仪［M］．北京：中国农业科学技术出版社．